NOTICE

SUR

LA CONSTRUCTION DES TUNNELS.

PARIS. — IMPRIMERIE DE PAIN ET THUNOT,
Rue Racine, 28, près l'Odéon.

NOTICE

SUR LA

CONSTRUCTION DES TUNNELS

DE SAINT-CLOUD

ET DE

MONTRETOUT

SUIVIE DE CONSIDÉRATIONS

SUR L'ÉTABLISSEMENT DES SOUTERRAINS EN GÉNÉRAL

COMPRENANT LES DIMENSIONS PRINCIPALES, LES PRIX, ETC.

DE

SOIXANTE-SIX TUNNELS

ÉTABLIS EN FRANCE, EN ANGLETERRE ET EN BELGIQUE

PAR

TONI FONTENAY

INGÉNIEUR CIVIL

PARIS.

CARILIAN-GŒURY ET V^{or} DALMONT

LIBRAIRES DES CORPS ROYAUX DES PONTS ET CHAUSSÉES ET DES MINES,

Quai des Augustins, 39 et 41,

1846

NOTICE

SUR

LA CONSTRUCTION DES TUNNELS.

L'établissement des tunnels est l'une des principales difficultés qui se rencontrent fréquemment
dans la construction des chemins de fer. Cette difficulté augmente considérablement la dépense première, retarde l'époque où ces voies rapides doivent
être livrées à la circulation et porte un préjudice
notable aux capitaux engagés. Il faut donc que l'ingénieur d'un chemin de fer exécute, avec économie,
mais surtout avec rapidité, les tunnels qui se pré-
sentent. Sur une ligne où le capital engagé serait
de soixante millions, une économie de un million
serait absurde si elle devait retarder seulement de
six mois l'ouverture (1).

---

(1) Nous avons admis que le revenu sur lequel on peut compter,
est de 6 p. 100. Or, 60,000,000 fr. à 6 p. 100, par an, donnent
3,600,000 fr., soit pour six mois 1,800,000 fr. En supposant donc
que, pour avancer de six mois, l'ouverture du chemin, on ait dépensé
1,000,000, il restera un bénéfice de 800,000 fr. On doit joindre à ce
bénéfice, l'avantage résultant, pour les voyageurs, le commerce, etc.,
de jouir six mois plus tôt d'un rail-way.

1

C'est sous l'influence de cette dernière considération que les deux tunnels du chemin de fer de Paris à Versailles (rive droite) près la résidence royale de Saint-Cloud, l'un sous le parc de Saint-Cloud, près Ville-d'Avray, l'autre sous le parc de Montretout, ont été conduits avec une rapidité telle qu'ils ont été entièrement terminés, le premier dans l'espace de quinze mois et le second de treize mois, quoique présentant de grandes difficultés.

Nous pensons que l'exposition des moyens employés pour arriver à ce résultat pourra être de quelque utilité à divers constructeurs.

Nous ne prétendons pas donner ces moyens comme les seuls à employer dans la construction des tunnels, nous les donnons à titre de renseignements utiles à consulter. C'est à l'ingénieur qui dirige, à l'entrepreneur qui exécute, à voir dans quel cas les moyens employés à Saint Cloud pourraient être appliqués utilement. Aucun système ne peut être suivi en tout lieu. La nature du sol à traverser, le profil du terrain, la position des points où les déblais doivent être déposés, le degré de vitesse qu'il est nécessaire d'imprimer au travail pour que tous les ouvrages du rail-way soient terminés à peu près à la même époque, la position des carrières qui doivent fournir les matériaux, sont autant de circonstances qui doivent être prises en considération.

Cette notice sera divisée en cinq chapitres.

Dans le premier, nous donnerons la description du tunnel fait sous le parc de Saint-Cloud et du système suivi pour sa construction.

Le deuxième traitera des moyens employés pour

sortir les terres et pour descendre les matériaux de toute nature employés dans la construction.

Dans le troisième, nous ferons la description du tunnel établi sous le parc de Montretout.

Le quatrième sera consacré à l'énumération des dépenses des souterrains faisant l'objet des trois premiers chapitres.

Le cinquième comprendra quelques considérations sur la construction des tunnels en général.

CHAPITRE PREMIER.

Description du tunnel établi sous le parc de Saint-Cloud et du système suivi pour sa construction.

Le tunnel construit sous le parc de Saint-Cloud est en ligne droite et en rampe de 0,005, comme tout le chemin de fer de Versailles; il a 504 mètres de long. Son entrée du côté de Paris est située dans le parc de Saint-Cloud, réservé, attenant au château; sa sortie du côté de Versailles aboutit dans la jolie vallée de Ville-d'Avray, où une station a été établie. Le niveau des rails, à l'entrée et à la sortie, se trouve à 20 mètres au-dessous du terrain naturel. La tranchée qui est à l'entrée, côté de Paris, a 610 mètres de long; la longueur de celle qui est placée à l'autre extrémité est de 200 mètres environ.

Le ballast (1) dans le souterrain est posé sur un

---

(1) On nomme ballast la couche de sable dans laquelle on pose le chemin de fer. Cette couche a ordinairement 0 m. 60 d'épaisseur.

banc de marne blanche mélangée de couches très-faibles de gypse. Une partie des pieds-droits est taillée dans un banc de gypse f qui a environ deux mètres d'épaisseur (*fig. 11*).

Dans les parties où le banc n'existe pas, les pieds-droits sont en maçonnerie de moellons. La voûte est faite en maçonnerie dans toute la longueur; elle est établie dans une couche épaisse de marne verte g, mélangée de glaise et de gypse. Cette couche, qui a 14 ou 15 mètres d'épaisseur, est recouverte par une couche de sable fin h qui, dans les points les plus élevés du coteau, a 16 mètres d'épaisseur. Au-dessus de cette couche se trouve la terre végétale i qui a environ un mètre d'élévation.

Nous donnons, fig. 3, la section du tunnel qu'on peut considérer comme ayant l'épaisseur moyenne donnée en exécution (1 mètre 35 centimètres), et fig. 1, 2 et 4, le dessin de la tête, côté de Versailles. Celle du côté de Paris est à peu près semblable, seulement dans le mur en aile de gauche se trouve l'entrée d'un aqueduc de 1 mètre 25 centimètres de large sur 2 mètres de haut, destiné à faire écouler les eaux d'une source trouvée pendant la construction.

Cet aqueduc qui a sa sortie vers la tête et d'équerre au chemin, sur une longueur de 6 mètres 15 centimètres, lui est ensuite parallèle sur 65 mètres 65 centimètres, ce qui fait que sa longueur totale est de 71 mètres 80 centimètres.

Dans la longueur du tunnel on a ménagé, sur le côté gauche, des baies dans lesquelles les personnes qui circulent sur le chemin peuvent se garer lorsqu'il passe un train. Ces baies sont placées moyennement à 50 mètres les unes des autres ; l'une d'elles communique à un puits de service qui avait été conservé et qui a été bouché depuis quelque temps.

Le tunnel a été attaqué par dix puits, dont un, le n° 10, placé sur l'axe du chemin de fer et les neuf autres placés à gauche à 10 mètres de l'axe (*fig.* 11 et 13). Les distances qui séparaient ces puits sont les suivantes :

Puits.

Du puits n° 1 au puits n° 2,	49 m.	78 c.
2	3	50	31
3	4	47	41
4	5	50	00
5	6	50	91
6	7	49	35
7	8	49	78
8	9	75	85
9	10	54	60
Total		477 m.	99 c.

Si l'on ajoute à cela une longueur de tunnel de 17 mètres 50 centimètres, faite entre la tranchée et la galerie du puits n° 1, on obtient une longueur de 495 mètres 49 centimètres. La partie de voûte et les têtes qui ne se trouvent point comprises dans cette longueur ont été faites à ciel ouvert.

Tous les déblais de la partie de 495 mètres 49 centimètres faite à ciel fermé, ainsi que tous les matériaux employés dans la maçonnerie, ont passé par les puits, attendu que les tranchées considérables à la sortie n'ont pu être terminées avant le souterrain. Il faut cependant déduire de ces quantités environ 1000 mètres de déblais sortis par les têtes, dont 600 pris entre les puits n°ˢ 1 et 3 et transportés à l'aide de petits waggons, dont nous parlerons dans le deuxième chapitre, et 1000 mètres enlevés au moyen de tombereaux, lorsque la maçonnerie du tunnel fut entièrement terminée. Ces 1000 mètres étaient de la pierre à plâtre qui avait été mise de côté en faisant les déblais.

Les différences qui existent dans les distances qui séparent les puits proviennent de ce qu'on a évité d'abattre quelques beaux arbres qui se trouvaient sur le tracé.

Les puits avaient les profondeurs suivantes :

N° 1	17 m.	00 c.
2	20	40
3	23	40
4	25	32
5	26	80
6	28	83
7	31	16
8	32	19
9	25	34
10	17	00

Ces profondeurs sont mesurées du niveau du terrain naturel au point où se chargeaient les déblais dans le fond des puits; mais on doit ajouter à chacune d'elles 2 mètres en haut, attendu que le sol avait été exhaussé de cette quantité pour faciliter le déchargement des déblais, et de 2 mètres 50 centimètres en bas, creusés en plus pour faire écouler les eaux dans le cas où il en serait survenu, disposition qui, tout en assainissant les galeries, aurait facilité les épuisements.

Cette cavité était recouverte par un plancher au niveau de la galerie de service qui joignait chaque puits à la galerie principale placée dans l'axe du chemin de fer (*fig.* 10).

Tous les puits ont été parfaitement secs, excepté le n° 2, dans lequel une source considérable s'est rencontrée.

Malgré le blindage fait avec grand soin, le puits s'est écroulé une fois. On a rétabli et consolidé le blindage et achevé de mettre le puits à profondeur, afin d'y réunir, s'il était possible, toutes les eaux. Cette disposition fut couronnée d'un plein succès; l'eau continua à venir avec abondance dans le puits n° 2, où elle fut épuisée, sans interruption, jour et nuit; mais dans toute la longueur du tunnel il ne se présenta pas le moindre suintement d'eau, circonstance d'autant plus heureuse, que le sol dans lequel le travail a été exécuté se délaye avec une facilité telle que les talus de la tranchée qui a été faite à la sortie du tunnel, côté de Versailles, n'ont pu résister à quelque léger suintement aqueux, même pendant qu'on les exécutait, quoique l'inclinaison adoptée fût de 1 1/2 de base sur 1 de hauteur. Aussi a-t-on été obligé de les revêtir en grande partie avec des perrées.

La section du puits n'était point arrondie, ainsi que cela se pratique ordinairement; mais rectangulaire, afin de faciliter le blindage qui a été fait dans toute la hauteur au fur et à mesure de la perforation. Cette section, mesurée entre les parois des terres, avait 3 mètres 60 centimètres de long sur 2 mètres 70 centimètres de large; et, mesurée en dedans des moises des châssis du blindage, 2 mètres 74 centimètres de long sur 1 mètre 84 centimètres de large (*fig.* 12). Le grand côté du rectangle était parallèle à l'axe du chemin de fer pour les puits situés sur le côté, et vertical pour le puits placé sur l'axe, cela afin de faciliter le service dans le bas ; chacun des puits était recouvert d'un hangar, afin qu'on pût travailler par tous les temps (*fig.* 10 et 43).

Blindage des puits. Le système de blindage adopté pour les puits est représenté figures 7, 9 et 12. Il se compose de quatre cours de poteaux *a* placés aux angles et ayant 22 centimètres d'équarrissage. Ces poteaux ont chacun 2 mètres de long et sont terminés à leurs extrémités par un *trait de Jupiter ;* ils sont maintenus dans les angles du puits au moyen de poutres armées, formées chacune d'une âme *b* de 11 centimètres sur 23 centimètres, et de deux moises *c* de 12 centimètres sur 23 centimètres, dépassant chacune les extrémités de l'âme de 40 centimètres, le tout solidement fixé à l'aide de deux boulons. Lorsque ces poutres armées sont mises en place, on introduit entre elles et les parois du puits des madriers placés verticalement, et l'on serre fortement tout le système à l'aide de coins en bois placés entre les extrémités des âmes et les poteaux. Chaque fois que les puits s'approfondissent de 1 mètre 50 centimètres, on renouvelle la même opération en ayant soin de boulonner les nouveaux poteaux avec ceux placés précédemment et avec lesquels ils s'assemblent à trait de Jupiter. S'il existe des vides entre les madriers et la terre, il faut les remplir soit avec des cales en bois, soit avec des éclats de pierre. Ce système joint à une grande solidité l'avantage de se poser et déposer facilement.

Les puits situés sur le côté communiquaient à la galerie principale au moyen de galeries transversa-les dont les dimensions étaient de 2 mètres de large sur 1 mètre 85 centimètres de haut, déduction faite de l'épaisseur du bois, et dont le niveau inférieur était à 3 mètres 40 centimètres au-dessus du niveau des rails. Ces galeries étaient soutenues au moyen de châssis formés chacun d'un chapeau ayant 25 centimètres d'équarrissage et 2 mètres 45 centimètres de long, légèrement entaillé vers ses extrémités, et de deux poteaux de 22 centimètres d'équarrissage et de 1 mètre 85 centimètres de long, reposant sur une semelle ou patin. Sur ses châssis étaient placés des couchis qui soutenaient le ciel; on établissait une jonction parfaite entre les couchis et le ciel au moyen de cales en bois.

Galeries trans-
versales.

Les châssis étaient espacés entre eux de 1 mètre 50 centimètres; les deux premiers maintenaient des plats-bords sur le côté, et leurs poteaux, de 2 mètres 5 centimètres de long, étaient moisés dans le bas. Cette disposition s'explique, parce que c'est dans le voisinage des puits que les efforts dus au poids des terres se font ordinairement le plus sentir.

La fig. 9 représente le fond d'un puits et une partie de la galerie transversale.

Les galeries transversales sont d'une grande utilité dans la construction d'un tunnel; non-seulement elles évitent une partie des accidents qui ont lieu lorsque les puits sont placés sur l'axe du chemin de fer, mais elles servent de dépôt pour les outils et pour les matériaux de toute nature à employer dans la construction.

Galerie d'axe ou principale. La galerie d'axe qui coupait à angle droit les galeries transversales, avait les mêmes dimensions que celles-ci, et était maintenue au moyen de châssis en tout semblables. La fig. 14 représente la coupe de la galerie d'axe. La section du tunnel y est indiquée par des lignes ponctuées. Le niveau inférieur de cette galerie est, comme pour la galerie transversale, à 1 mètre 10 centimètres au-dessus de la naissance de la voûte et à 3 mètres 40 centimètres au-dessus du niveau des rails.

Aussitôt que la galerie d'axe fut percée dans toute la longueur, le premier soin fut de sceller dans le sol, de 20 mètres en 20 mètres et d'équerre à l'axe, des plates-formes dont le dessus fut placé un peu au-dessous du niveau de la galerie, afin que les brouettes en passant ne les dérangeassent point, et parallèlement au niveau des rails, c'est-à-dire avec une pente de 5 millimètres par mètre ; puis sur chacune des plates-formes d'indiquer avec un clou l'axe du chemin de fer.

Élargissement de la galerie pour faire l'emplacement des cintres. Maintenant il s'agissait d'élargir successivement la galerie d'axe, afin de pouvoir construire la partie de la voûte située au-dessus du niveau inférieur de cette galerie. La méthode suivante a été adoptée :

(*Fig.* 14, 15, 16 et 17.) L'un des châssis de la galerie a été enlevé ainsi que les deux travées de couchis y attenantes ; le ciel a été pioché dans l'axe jusqu'à l'extrados de la voûte, puis deux étais provisoires *a*, *b* ont été placés verticalement dans l'axe et à 2 mètres l'un de l'autre (*fig.* 16 et 17). Ces deux étais soutenaient chacun une plate-forme placée parallèlement à l'axe de la galerie. La même opération a été renouvelée jusqu'à ce que quatre étais au moins aient été placés les uns à la suite des autres et de 2 mètres en 2 mètres. Alors la tranchée pratiquée dans le ciel a été élargie, suivant le profil de l'extrados, et quatre chevalements, composés chacun de quatre étais, ont été placés de manière que chacun des étais posés en premier lieu se trouvait au milieu d'un chevalement. Les quatre étais ont alors été enlevés, mais leurs plates-formes sont restées appliquées contre le ciel, soutenues qu'elles étaient par celles des chevalements.

Les étais qui ont été enlevés sont figurés en lignes ponctuées.

Après cela, on a continué à piocher les terres à droite et à gauche, en continuant à donner le profil de l'extrados de la voûte au ciel et en plaçant, au fur et à mesure de l'avancement du travail, quatre rangées d'étais en forme d'éventail, comme on le voit fig. 18 et 19. Lorsque les étais faisaient un angle aigu avec les plates-formes, on enfonçait des rappointis (1) dans celles-ci afin d'empêcher le glissement.

Il est bon de ne pas faire reposer plusieurs étais sur une même semelle, attendu qu'ils ne peuvent ordinairement être enlevés en même temps, et que le démontage de l'un ébranle l'autre. Pendant que les cintres se posaient et que la maçonnerie se con-

---

(1) Vieux morceaux de fer de toute forme pouvant être employés en guise de gros clous.

struisait sur cette première longueur, les terrassiers préparaient une deuxième longueur à la suite en suivant la même méthode.

Pose des cintres. Les fig. 21 et 22 représentent la même disposition vue en plan et de côté, mais après qu'un cintre a été placé dans chaque travée d'étais. Les cintres mis en place reposent sur le sol, sur les veaux, des étrésillons placés deux à deux soutiennent le ciel de l'excavation. Les étrésillons ne sont indispensables que lorsque le terrain a peu de consistance; on ne les a pas employés partout. Mais il vaut mieux s'en servir que de placer les cintres à une distance moindre de deux mètres. Lorsque les cintres sont placés à 1 mètre 50 centim. d'axe en axe, ainsi que cela a eu lieu sur quelques points où on a voulu utiliser des bois courts, le service de la maçonnerie devient très-difficile, ce qui en ralentit la construction.

La fig. 20 représente un cintre sur lequel une partie de maçonnerie est déjà construite. L'entrait est formé de plusieurs pièces, afin que le montage en soit facile ainsi que le démontage lorsque la maçonnerie est terminée; les deux extrémités dépassent de 1 mètre la surface convexe des veaux. Ces saillies sont destinées à recevoir chacune un échantignolle. Sur ces échantignolles sont placées des plates-formes de 2 mètres qui vont reposer sur les échantignolles des cintres voisins. Ces plates-formes ne doivent pas être clouées afin d'être facilement démontées plus tard. On avait soin de remplir le vide qui restait entre le sol, les échantignolles et les plates-formes avec de la maçonnerie hourdée avec de la terre, si le terrain était parfaitement sec, et avec un peu de mortier, s'il laissait échapper de l'eau.

Chaque cintre était composé de cinq veaux, quatre aux reins de la voûte et un à la clef. Celui de la clef est représenté en détail fig. 29 et 30 et l'un de ceux aux reins, fig. 26, 27 et 28. Les fig. 31 et 32 représentent le détail d'un poteau.

Lorsque trois ou quatre cintres étaient posés entre les rangées d'étais en éventails ainsi que les échantignolles et les plates-formes, on plaçait les premiers couchis et l'on commençait la maçonnerie définitive dont le premier rang était supporté par les plates-formes. Ce premier rang était en moellons de choix, posés d'abord à sec et espacés de deux centimètres environ, les joints parallèles à l'axe devaient se couper parfaitement. Lorsque tout le rang était posé, on le recouvrait d'une couche de mortier que l'on faisait refluer abondamment dans tous les interstices. Ensuite on continuait les autres en suivant le procédé ordinaire. A mesure que les maçonneries s'élevaient à droite et à gauche, on plaçait de nouveaux couchis et on enlevait les étrésillons et les étais à mesure qu'ils gênaient cette pose.

Maçonnerie de la voûte.

Lorsque la maçonnerie arrivait dans le voisinage de la clef, au lieu de couchis placés en long sur les cintres on employait un châssis, dans les rainures duquel venaient reposer les extrémités de petits couchis placés parallèlement aux cintres et que le limousin adaptait à mesure qu'il fermait la voûte en se retirant. Pour faire la voûte on s'échaffau-

Châssis de fermeture.
(Figures 33, 34, 35 et 36.)

dait à l'aide de boulins *a* et *b* (*fig*. 33) placés sur les liens des cintres et sur lesquels reposaient des madriers *ab*.

On donne le nom d'anneau à la maçonnerie montée simultanément sur plusieurs cintres : ainsi, suivant que la maçonnerie est construite simultanément sur 4, 6, 8 mètres, on a des anneaux de 4, 6 et 8 mètres.

Chaque anneau était terminé de manière à ce qu'il y eût une liaison parfaite, soit avec l'anneau déjà construit, soit avec celui à construire.

Épaisseur de la voûte.

Autant que possible l'extrados de la voûte touchait aux terres ; il arrivait fréquemment cependant que, par suite d'éboulements plus ou moins considérables, il existait des cavités qu'il aurait été dispendieux de bloquer en maçonnerie ordinaire. Alors on se bornait simplement à remplir ces cavités avec du moellon de médiocre qualité, hourdé avec de la terre, ou bien encore avec 1/4 ou 1/6 de mortier, suivant le degré de solidité que présentait le terrain. Sur les points où le sol était très-mauvais, on remplissait en entier les cavités en maçonnerie ordinaire, non pas dans le but d'augmenter la solidité de la voûte, mais pour faciliter la construction et éviter les éboulements. Ainsi, par exemple dans la section représentée dans la fig 3, les parties *a*, *b*, *c* et *d* de la voûte et *e* du pied-droit ont été construites avant celles qui les avoisinent, afin de soutenir des terres qui étaient sur le point de tomber. Il est résulté de cela que l'épaisseur de la voûte, qui devait avoir 1 mètre près des puits et 90 centimètres partout ailleurs, a varié depuis 90 centimètres jusqu'à 1 mètre

60 centimètres, et qu'en moyenne elle a environ 1 mètre 35 centimètres.

Sur certains points, lorsque la voûte fut terminée, mais avant la reprise des pieds-droits, il est arrivé que les terres chargeaient avec tant de force, que les veaux des cintres s'écrasaient sur les poteaux. Alors, afin de les soulager, on a placé, pour soutenir les couchis dans le milieu de leur portée, de faux cintres formés de veaux soutenus par des étais.

Sur un point, la voûte, à laquelle on n'avait voulu donner que 60 centimètres d'épaisseur, s'est écrasée sous la charge avant la reprise des pieds-droits. On a été obligé de la démolir et de la reconstruire avec une plus forte épaisseur.

Des attachements journaliers étaient pris afin de connaître l'époque exacte à laquelle chaque anneau était commencé, celle à laquelle il était terminé, l'épaisseur de la voûte et celle des blocages à l'extrados s'il y en avait; ces renseignements pouvaient être très-utiles dans beaucoup de circonstances.

(*Fig.* 23.) Lorsque la maçonnerie d'une partie de voûte était suffisamment sèche, ce qui avait lieu dix ou quinze jours après la construction, suivant le degré d'hydraulicité des mortiers, entre le premier couchis de l'un des côtés de la voûte et une ligne parallèle située à 2 mètres de l'axe, on attaquait une fouille dont la longueur variait de 4 à 10 mètres suivant la résistance du sol, et qui descendait verticalement jusqu'au niveau des rails. Cela fait, au-dessous de chacun des cintres, une jambe de force d était placée dans la fouille; son pied reposait sur des coins placés sur une semelle dans l'angle formé par

Reprise
des pieds-droits
en sous-œuvre.

le fond et la berge du côté de la galerie ; son sommet soutenait l'entrait vers la pointe de l'échantignolle, sans cependant dépasser l'aplomb de l'arête inférieure du parement du premier rang de moellon posé sur les plates-formes. On clouait des rappointis dans l'entrait et dans la semelle, de manière à empêcher le glissement de la jambe de force, qui se trouvait avoir une position inclinée et qui était serrée à l'aide des coins. Lorsque le sol était peu consistant, on plaçait de plus sous chacun des cintres le poteau vertical *e*, qui reposait aussi sur des coins et sur une semelle.

(*Fig.* 24.) Aussitôt qu'une jambe de force était ainsi placée sous chacun des cintres qui se trouvaient dans la longueur de la fouille attaquée, on déblayait la partie restée dans l'emplacement des pieds-droits, on posait des cerces pour guider l'ouvrier dans la pose du parement, puis on construisait la maçonnerie des pieds-droits. Quand la construction était arrivée en haut et qu'il n'y avait plus que deux rangs à poser, on enlevait parmi les plates-formes placées sur les échantignolles celle qui était le plus éloigné du parement vu, et l'on remplissait en maçonnerie l'espace resté vide ; puis on enlevait la plate-forme suivante, et ainsi de suite jusqu'à ce que toutes les plates-formes fussent enlevées et remplacées par de la maçonnerie. La voûte, pendant ce calage, restait suspendue quelquefois pendant une journée sur plusieurs mètres de long et sur toute son épaisseur. Cette imprudence, qu'il est bon d'éviter, n'était pas sans danger ; cependant il est arrivé rarement que des moellons se soient détachés, et quand cela a eu lieu, la véritable cause était que la maçonnerie des premiers rangs de l'anneau avait été faite sans soin. La fig. 25 représente le travail après l'achèvement d'un pied-droit.

Dans l'emplacement des cintres on était forcé de laisser des cavités pour loger l'extrémité des entraits; et les vides, dont la hauteur était égale à celle d'un entrait et d'une échantignolle, plus un peu de jeu pour faciliter le décintrement, étaient remplis en maçonnerie après l'enlèvement des cintres.

Lorsque sur une partie de la voûte les reprises étaient faites sur un côté, on répétait la même opération sur l'autre et on enlevait les cintres. Il ne restait plus alors qu'à déblayer le noyau de terre resté dans le milieu.

Dans le tunnel de Saint-Cloud, les premiers anneaux ont été attaqués simultanément dans les huit points suivants (*fig.* 11 et 13) :

Emplacement des premiers anneaux.

A gauche de la galerie transversale du puits n° 2, à 6 mètres de l'axe de cette galerie en allant du côté du puits n° 3, à droite et à gauche des galeries transversales des puits n°ˢ 4, 6 et 8, à 5 ou 6 mètres de l'axe de ces galeries ;

Entre le puits n° 10 et la galerie du puits n° 9, à 24 mètres environ de l'axe de cette galerie.

Plus tard, lorsque le service des terres a pu se faire par la tête, côté de Paris, un neuvième atelier a été placé entre les puits n°ˢ 1 et 2. Ces divers points sont marqués sur la fig. 13 par les lettres *o*, *p*, *q*, *r*, *s*, *t*, *u*, *v*, *x*.

Les puits n°ˢ 2, 4, 6 et 8, et le puits n° 1 plus tard, ont été spécialement consacrés à descendre les

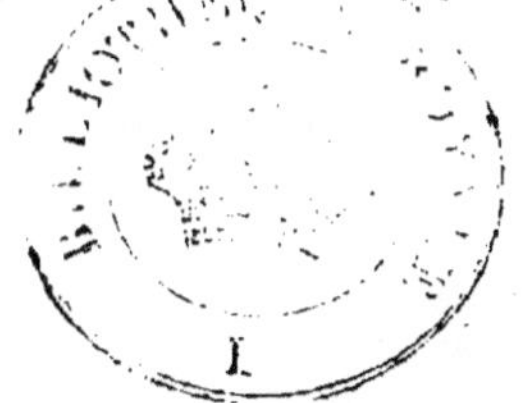

matériaux de toute espèce : moellon, mortier, charpente ;

Les puits n°° 3, 5, 7 et 9 ont spécialement été consacrés au service de la terrasse ;

Le puits n° 10 se trouvant dans l'emplacement de la tranchée côté de Versailles, a été supprimé, lorsque celle-ci est arrivée à profondeur du tunnel ; la tête a été alors utilisée pour le double service des terrassements et des matériaux.

Durée de la construction. Les puits ont été commencés en septembre 1837, et ils ont été terminés, ainsi que les galeries transversales, en janvier 1838, soit en quatre mois ; la galerie d'axe a été commencée en janvier 1838 et terminée en mars, soit en deux mois. Le premier moellon du tunnel a été posé par l'un de MM. les ingénieurs de la compagnie, le 26 mars 1838, et le dernier moellon par M. le directeur, le 29 septembre même année ; la construction de la grosse maçonnerie a donc duré six mois et trois jours. Nous disons de la grosse maçonnerie, parce qu'après le 29 septembre on a fait encore quelques reprises en dessous du banc en plâtre. Le déblai total du tunnel a été complétement terminé en décembre 1838, époque à laquelle a commencé la pose définitive des voies du chemin de fer.

La construction a donc duré quinze mois.

CHAPITRE II.

Description des moyens employés pour sortir les déblais du tunnel et pour descendre les matériaux nécessaires à la construction.

Maintenant que nous avons donné une idée générale du système qui a été suivi pour construire le tunnel de Saint-Cloud, nous allons entrer dans quelques détails sur la marche du travail.

Le premier moyen employé pour enlever les terres provenant de la perforation des puits de service, ensuite de celle d'une partie des galeries, a consisté dans le treuil à bras (*fig.* 43). Les déblais étaient chargés dans des baquets ayant la forme d'un tronc de cône, provenant de tonneaux sciés en deux. Autour de l'arbre du treuil s'enroulaient en sens inverse deux cordages au bout desquels on accrochait les baquets. Cette disposition permettait de monter un baquet plein pendant que le vide descendait. La fig. 44 représente le crochet fixé au bout de chaque cordage; à la boucle du crochet était fixé un anneau allongé qui en fermait l'ouverture et qui ne permettait point au baquet de s'échapper si en descendant il venait à rencontrer quelque obstacle. Cette disposition était très-importante pour éviter les accidents lorsque le puits n'était pas encore à profondeur, car alors les hommes qui étaient dans le fond n'étaient pas à couvert. Lorsqu'un baquet arrivait en bas, il était remplacé par un plein, et *vice versâ* en haut du puits. La fig. 43 représente le hangar qui a été fait au-dessus de chaque puits pour permettre de travailler sans interruption. Chaque treuil était mû par quatre hommes, dont deux à chaque manivelle ; au moment où le baquet arrivait au-dessus de l'orifice du puits, deux hommes abandonnaient les manivelles et le déchargeaient. Cette manœuvre était assez incommode et n'était pas sans danger : il fallait imprimer un mouvement violent de balant au baquet pour l'amener sur le bord, à cause du peu de longueur de cordage qui le séparait du treuil au moment du déchargement. En pareil cas, il serait préférable de placer le treuil sur le côté et de renvoyer le cordage dans le puits à l'aide de poulies de renvoi placées à quelques mètres d'élévation.

Chaque baquet cubait 53 millimètres. Le nombre qui était enlevé dans chacun des puits variait nécessairement suivant leur profondeur. Voici le nombre moyen enlevé en dix heures de travail, dans chacun des puits, lorsqu'ils ont été terminés et que le déblai avait lieu dans la galerie d'axe :

Puits nᵒ 1, ayant 19 m. 00 c. de prof. 400 baquets.

2	»	»	»
3	25	40	355
4	27	32	350
5	28	80	305
6	30	83	300
7	33	16	250
8	34	19	250
9	27	34	320
10	19	00	300(1).

---

(1) Au souterrain de Montretout, dans un puits de 10 mètres de profondeur, on enlevait, avec le même système, 447 baquets.

On remarque que les puits n°s 1 et 10, quoique ayant la même profondeur, ne produisaient pas le même nombre de baquets de terre; cela tenait à ce qu'au puits n° 1 la galerie d'axe put être attaquée par deux ateliers de piocheurs marchant en sens inverse, l'un se dirigeant du côté du puits n° 2, l'autre du côté de la tête du tunnel; tandis qu'au puits n° 10 on ne pouvait faire fonctionner qu'un seul atelier. Les variations qui se remarquent pour les autres puits et qui ne sont pas le résultat des différences de profondeur proviennent uniquement du plus ou moins d'activité des ouvriers.

Le nombre de baquets montés par journée de dix heures dans les neuf puits en activité est donc de 2830, ce qui fait un cube de 149 m. 99, ou en moyenne, pour chaque puits, 16 m. 67, abstraction faite du foisonnement dont nous parlerons plus loin.

En second lieu, on a remplacé les baquets par des paniers dont la forme était celle d'un tronc conique et qui cubaient 0 m. 071. On substitua également au treuil, mis en mouvement par des hommes, un manége à un seul cheval dont le tambour avait 1 m. 40 de diamètre et le bras de levier auquel était attelé le cheval 3 m. 50.

On peut évaluer à 30 le nombre de paniers enlevés dans une heure à chaque puits, ce qui donne 21 m. 30 par journée de dix heures et par puits.

Mais les paniers, comme les baquets, avaient l'inconvénient d'être trop fragiles. On les a remplacés par des camions à trois roues dont on s'est servi jusqu'à la fin de la construction du tunnel et qui ont donné des résultats très-satisfaisants. Ces camions, dont le mieux entendu est dessiné figures 45, 46, 47, 48 et 49, cubaient moyennement 0 m. 30; ils étaient poussés dans les galeries chacun par quatre hommes. Lorsque, par suite de l'encombrement des matériaux, il n'était pas possible de les approcher des fouilles, on leur amenait la terre à l'aide de brouettes.

Les brouettes étaient versées directement dans les camions au moyen d'une rampe en madriers posée sur des tréteaux.

Les camions étaient enlevés dans les puits au moyen de crochets qui venaient se placer dans les anneaux fixés à chaque angle.

Les tourillons de la roue isolée avaient un peu de jeu dans la chape afin de faciliter la marche en courbe à la jonction des galeries. Dans les premiers camions construits, la chape pivotait sur un axe comme les roulettes mises aux pieds des meubles, mais ce système qui donne un bon résultat lorsque la locomotion a lieu sur une surface parfaitement unie en donnait un fort mauvais : le moindre obstacle, la moindre ornière faisait que la roue se mettait en travers, perpendiculairement à la direction que l'on voulait donner au véhicule. On a donc été obligé de renoncer à cette disposition et d'adopter celle qui est indiquée sur le dessin et dont on a été satisfait.

Manége à deux chevaux. Afin de donner plus de célérité au travail, les manéges ont été modifiés. Le diamètre du tambour a été porté à 2 m. 50 et on a ajouté un bras de levier auquel un deuxième cheval a été attelé. Fig. 37, 38,

40 , 41 et 42 , nous donnons le détail de celui des manéges qui a été le mieux étudié.

La fig. 37 représente le manége vu latéralement, en supposant qu'un côté du hangar soit enlevé.

La première partie sur le puits est formée de quatre poteaux de 5 m. 25 de long, dont deux seulement a et b sont apparents dans la fig. 37. Ces poteaux sont reliés deux à deux à 3 m. 75 de hauteur par deux moises $e f$, $e' f'$, et à leur sommet par un chapeau g, g' qui sert d'entrait au comble. Les deux fermes ainsi obtenues sont reliées ensemble par deux sablières h, le comble est complété par deux poinçons i, i' fixés sur les entraits et supportant un faîtage délardé k. Sur le faîtage et les sablières sont clouées des planches à couvre-joints. Sur les moises $e f$, $e' f'$ sont placées deux traverses destinées à soutenir les plates-formes sur lesquelles sont fixées les poulies l et l'.

La deuxième partie du manége se compose d'un poteau m scellé en terre et maintenu à l'aide de trois contre-fiches ; d'un chapeau n reposant d'un côté sur le poteau m, assemblé de l'autre avec l'entrait g' à l'aide d'un tenon et de deux liens o, o', qui sont eux-mêmes reliés aux poteaux que soutient l'entrait à l'aide de deux autres liens p, p' (*fig.* 38) ; d'un tambour adapté à un arbre vertical qui est muni au tiers de sa hauteur de deux bras de levier auxquels s'attellent les chevaux, et à ses extrémités de pivots, l'un dans le bas tournant dans une crapaudine scellée dans une pierre, et l'autre tournant dans le trou d'une bride serrée autour du chapeau n. Sur ce même point est boulonné un collier en fer destiné à prévenir la chute du tambour dans le cas où le pivot du haut viendrait à échapper ou à casser. Sur le chapeau *n* sont fixés deux poinçons qui soutiennent le faîtage du hangar destiné à abriter les chevaux pendant qu'ils travaillent.

Autour du tambour s'enroule un cordage dont les extrémités, après avoir passé sur les poulies de renvoi, descendent dans le puits. Entre les poulies et le tambour, les parties horizontales du cordage sont soutenues par deux rouleaux adaptés à des moises pendantes *q*, fixées aux liens *o*, *o'*, *p*, *p'*. Cette dernière disposition, qui n'avait pas été adoptée d'abord, est devenue indispensable, parce qu'il arrivait que petit à petit, pendant le travail, le cordage descendait vers le bas du tambour et s'échappait, ce qui imprimait un choc violent à tout l'appareil, occasionnait des accidents et arrêtait le service.

En faisant marcher dans un sens les chevaux attelés aux bras de levier, une des extrémités du cordage descendait dans le puits et l'autre remontait, et, en fesant marcher les chevaux dans un sens opposé, le mouvement inverse se produisait.

A chaque bout du cordage étaient attachés quatre cordages plus faibles ayant 1 mètre de long et à l'extrémité libre desquels étaient fixés quatre crochets destinés à saisir les camions par les quatre anneaux dont nous avons parlé ci-dessus.

Planchers roulants pour le service des camions. Pendant qu'un camion vide descendait il en remontait un plein. Lorsqu'il était arrivé en haut on fermait la moitié du puits au moyen d'un plancher roulant sur lequel le camion était déposé et ensuite roulé à la décharge. Alors un camion vide placé sur le plancher roulant était accroché au bout du cordage. Les chevaux faisaient un pas pour permettre de retirer le plancher et le camion descendait dans le puits, tandis qu'un autre plein remontait et était reçu sur un deuxième plancher roulant placé sur l'autre moitié du puits. Alors la même manœuvre recommençait.

Les planchers roulants sont représentés en détail (*fig.* 47, 52, 55 et 37); ils étaient mis en mouvement par les ouvriers chacun à l'aide de deux cordages à main *c*, attachés sur le côté (*fig.* 47).

Afin que les camions en montant et en descendant ne s'accrochassent point, on avait eu soin de diviser le puits en deux par une cloison verticale et de clouer de fortes planches sur les châssis qui composaient le blindage.

Un manége analogue à celui que nous venons de décrire a été placé à chacun des puits n°ˢ 3, 5, 7 et 9 spécialement consacrés au service de la terrasse, ainsi que nous l'avons dit plus haut.

Travail
produit par les
manéges
à deux chevaux.

Il résulte d'observations faites à chacun des puits, lorsque la construction du tunnel était à tous les degrés d'avancement, que le nombre des camions enlevés dans une heure était :

Puits n° 3, prof.	25 m.	40 c.	20 cam. cub.	6 m.	00 c.
5	28	80	17	5	10
7	33	16	16	4	80
9	27	34	15	4	50
			Total.	20	40

Soit par journée de dix heures en moyenne 51 mètres par chaque puits, abstraction faite du foisonnement.

On voit que **les quantités de terre enlevées ne variaient point** en raison inverse de la profondeur des puits, cela est surtout sensible pour le puits n° 9, par lequel on sortait le moins de déblai, quoiqu'il fût l'un des moins profonds. Cela provenait en grande partie de l'encombrement des travaux de maçonnerie qui gênait là, plus qu'ailleurs, le passage des brouettes qui amenaient de la terre aux camions.

Pour mesurer la quantité de travail produit par un manége on a pesé un camion dont les dimensions représentaient assez exactement la moyenne entre celles de tous les autres. On a trouvé 506 kilogrammes pour le camion plein et 117 kilogrammes 50 centigrammes pour le vide; la différence 388 kilogrammes 50 centigrammes représente le poids de la terre contenue dans le camion et le poids enlevé à chaque voyage, puisqu'un camion vide descendait pendant qu'il en montait un plein. Or, dans un manége, l'effort utile exercé par le cheval et le poids utile élevé sont proportionnels au bras de levier auquel le cheval est attelé (ou rayon du cercle qu'il décrit) et au rayon du tambour; comme les deux rayons sont respectivement égaux à 3 mètres 50 centimètres et à 1 mètre 25 centimètres, si nous représentons par x l'effort utile exercé par le cheval et par $2x$ celui exercé par les deux chevaux attelés au manége nous aurons :

$$2x \times 3.50 = 388.50 \times 1.25,$$

d'où

$$x = \frac{388.50 \times 1.25}{3.50 \times 2} = 69\,\text{k}.375.$$

Et comme on peut admettre que le **cheval mar-**

chait avec une vitesse de 90 centimètres par 1″, l'effet utile qu'il exerçait exprimé en kilogrammètres par 1″ était de :

$$69.375 \times 0.90 = 62^{km},44.$$

Ce résultat s'accorde avec le travail utile produit par un cheval attelé à une voiture et allant au pas sur une route d'une viabilité ordinaire, travail que l'on admet être de 70 kilogrammes avec une vitesse de 90 centimètres à la 1″ ou de 63 kilogrammètres.

Mais ce travail qui avait lieu pendant que la charge montait n'était pas constant, attendu que les chevaux étaient au repos pendant que l'on accrochait et décrochait les camions ; en le comparant au travail journalier obtenu à chaque puits, nous aurons exactement le temps de repos pendant l'accrochage et le décrochage.

La moyenne exprimée en kilogrammètres du travail utile et journalier produit par un cheval par 1″ à chaque manége, est donnée dans la dernière colonne du tableau suivant :

Numéros des Puits.	Hauteur des Puits.	Nombre de camions montés par heure.	Poids du contenu d un camion.	Poids total du contenu des camions.	Poids en ki-m. par 1″ et par manége.	Poids en ki m. par 1″ et par cheval.
	m.		k.	k.	k.m.	k.m.
3	25.40	20	388.50	7770.00	54 82	27.41
5	28.80	17	388.50	6604.50	52.84	26.42
7	33.16	16	388 50	6216. »	57.26	28.63
9	27.34	15	388.50	5827.50	44.26	22.13

En comparant les résultats de la dernière colonne

de ce tableau avec celui obtenu précédemment de 62 kilogrammètres 44 centièmes, on trouve que les manéges ont fonctionnés pendant les espaces de temps suivants :

Puits n° 3, 0.439 de la durée totale du travail.

      5 0.423

      7 0.459

      9 0.354

Et que, par conséquent, ils ont été en repos pendant les espaces de temps suivants :

Puits n° 3, 0.561 de la durée totale du travail.

      5 0.577

      7 0.541

      9 0.646

En appliquant ces résultats à une heure de travail à chaque puits, on trouve que les chevaux ont marché et se sont reposés pendant les espaces de temps indiqués dans le tableau suivant :

N°⁸ des Puits.	Hauteur des Puits. h.	Durée totale des courses faites pendant une heure. $v.\ t$.	Durée totale des repos pendant une heure. $v.\ t'$.	Nombre de courses à l'heure. v.	Durée de chaque course. t.	Durée de chaque repos. t'.
3	25.40	26'.20"	33'.40"	20	1'.19"	1'.41"
5	28.80	25'.23"	34'.37"	17	1'.30"	2'. 2"
7	33.16	27'.32"	32'.28"	16	1'.43"	2'. 2"
9	27.34	21'.14"	38'.46"	15	1'.25"	2'.35"

NOTA. — Dans les calculs, les fractions de 1" au-dessous de 5/10 ont été négligées ; au-dessus de 5/10 on a fait refluer une unité sur les 1".

On peut obtenir directement la durée de chaque course par la formule

$$t = \frac{2 \pi R \dfrac{h}{2 \pi r.}}{0.90}$$

$t =$ durée de chaque course en $1''$;
$R =$ rayon du cercle décrit par les chevaux $= 3.50$;
$r =$ rayon du tambour $= 1.25$;
$h =$ hauteur du puits ;
$0.90 =$ vitesse des chevaux par $1''$.
Et la durée de chaque repos par la formule :

$$t' = \frac{3600 - v\,t.}{v},$$

$t' =$ durée de chaque repos exprimé en $1''$;
$t =$ durée de chaque course comme ci-dessus exprimée en $1''$;
v, nombre de courses par heure ;
$3600 =$ nombre de $1''$ contenues dans une heure.
Ou en remplaçant t par sa valeur

$$t' = \frac{3600 - \left(\dfrac{2 \pi R \dfrac{h}{2 \pi r}}{0.90} \right).}{v}$$

De tous ces calculs, il résulte que le temps employé à accrocher et à décrocher les camions était plus long que celui employé à les monter et à les descendre dans les puits. Cela provient en partie de l'encombrement qui existait dans les galeries par suite du mélange des ateliers de maçonnerie et de terrasse, encombrement qui retardait souvent l'arrivée des camions au bas des puits. Malgré cela, ainsi que nous l'avons vu plus haut, on enlevait, en ne déduisant pas le foisonnement, 20 m. 40 à l'heure par les quatre puits, ou par journée de dix heures, 204 mètres.

Nous pensons que, dans un service analogue, s'il était possible, malgré les services de nuit, de mettre les hommes à la tâche et non à la journée, ainsi que cela avait lieu, il serait facile de réduire de plus de moitié le temps employé à l'accrochage et d'augmenter ainsi de plus de moitié la quantité de déblai enlevée par jour.

Foisonnement des terres du tunnel. Des expériences faites sur le foisonnement des terres du tunnel ont donné les résultats suivants :

1 mètre de marne verte prise vers le puits n° 3 a produit 1 m. 82 de déblai ;

1 mètre de marne verte prise vers le puits n° 5 a produit 1 m. 75 de déblai ;

1 mètre de marne et plâtre pris vers le puits n° 7 a produit 1 m. 68 de déblai ;

1 mètre de marne verte prise vers le puits n° 9 a produit 1 m. 80 de déblai.

En moyenne, 1 m. 00 a donc produit 1 m. 74 de déblai (1).

Pour faire ces expériences on a cubé une masse de terre dont la forme était très-régulière, on l'a fait piocher et les déblais qui en sont provenus ont été mesurés dans une caisse.

En déduisant ce foisonnement considérable des quantités de déblais, extraits par les divers procédés que nous avons décrits, on trouve :

---

(1) Au souterrain de Han percé à la mine dans du calcaire, le foisonnement a été de 1 m. 65, et à celui de Revin, percé dans une roche schisteuse, le foisonnement a été de 1 m. 75.

Qu'avec les treuils à bras fonctionnant à neuf
puits, on enlevait en dix heures de travail.   86 m. 03
au lieu de. 149   99
ou en moyenne 9 m. 56 par chaque puits.

Avec les manéges à un cheval, fonctionnant à quatre
puits, on enlevait en dix heures de travail. . 48 m. 96
au lieu de. 85   20
ou en moyenne 12 m. 24 par chaque puits.

Et enfin qu'avec le manége à deux chevaux fonctionnant à quatre puits on enlevait par jour 117 m. 20
au lieu de. 204   »
ou en moyenne 29 m. 30 par chaque puits.

Lorsque la tranchée qui sert d'entrée au tunnel
du côté de Paris fut à profondeur, on en profita pour
sortir des déblais au moyen d'un petit chemin de
fer de 50 centimètres de large, formé de châssis en
bois posés bouts à bouts, garnis de bandes de fer.
Ce chemin était placé au niveau de la galerie d'axe,
c'est-à-dire sur le massif qui soutenait les cintres.
Les wagons employés à ce service étaient poussés
par des hommes. Les déblais versés dans la tranchée étaient ensuite repris par des tombereaux et
transportés à une décharge éloignée. Les fig. 61
et 63 représentent le premier wagon qui a été employé, il cubait 25 centimètres; pour le décharger,
les hommes le faisaient culbuter. Les fig. 57, 58,
59 et 60 représentent les wagons qui ont été ensuite
presque spécialement employés (ils cubaient aussi
25 centimètres); ils se déchargeaient avec une facilité très-grande; on les faisait avancer pour cela sur
un échafaudage formé de deux longuerines, qui
s'appuyaient d'un côté sur le cavalier fait à la sortie

du souterrain et de l'autre sur un tréteau. Sur ces longuerines, qui servaient de rails, étaient clouées des bandes de fer. Cette disposition permettait de décharger plusieurs wagons ensemble, et au besoin de recevoir la terre immédiatement dans des tombereaux qui pouvaient se placer sous les longuerines.

Comme la pente du tunnel est de 5 millimètres par mètre, les wagons chargés descendaient presque seuls, et deux hommes suffisaient pour en remonter plusieurs vides. Leur légèreté permettait de les mettre avec facilité hors de la voie, lorsqu'un convoi vide qui remontait en rencontrait un plein marchant en sens inverse, ou bien lorsqu'on ne voulait pas les utiliser; de plus, leur peu d'élévation permettait de les faire passer sous les échafaudages que les maçons étaient obligés de faire pour claver la voûte, trajet qu'il était difficile de parcourir avec la brouette ordinaire, attendu qu'elle oblige le rouleur à se tenir presque droit.

Treuils et bourriquets employés descendre les matériaux dans les puits. Lorsqu'il a été possible de commencer la maçonnerie, les puits nᵒˢ 2, 4, 6 et 8, ainsi que nous l'avons dit plus haut, ont été spécialement consacrés à descendre les matériaux, mais principalement le moellon et le mortier.

On a employé pour ce service des treuils armés chacun d'un frein et d'une roue à cheville. Autour de l'arbre placé horizontalement s'enroulaient en sens inverse deux cordages, au bout libre de chacun desquels était accroché un bourriquet, l'un plein et l'autre vide. En lâchant dans le puits le bourriquet plein, le treuil tournait et le bourriquet vide était remonté. Le frein était employé à modérer la vitesse de la chute ; la roue à cheville, à enlever au départ le bourriquet plein placé sur bord du puits, dans lequel on le laissait aller ensuite, et à remonter le bourriquet vide quand, par suite de l'allongement du cordage, il n'arrivait pas tout à fait en haut du puits. Les fig. 50, 51 et 53 représentent celui de ces treuils qui a été adopté en dernier et qui fonctionnait le mieux. Les autres différaient de celui-là principalement par le diamètre de la roue à cheville, qui était de 2 mètres 60 centimètres, au lieu de 4 mètres 40 centimètres, ce qui nécessitait un effort plus considérable au départ du bourriquet plein et à l'arrivée du vide. Les fig. 66 et 67 représentent le détail de l'un des freins adoptés.

Les fig. 54 et 56 représentent le détail d'un autre frein, adopté aussi et qui avait une puissance plus grande que le précédent. Il nous est arrivé plusieurs fois avec son aide d'arrêter brusquement, au milieu de sa course, un bourriquet chargé de moellon et lâché à toute volée dans le puits. On fera bien, si l'on construit des treuils semblables, de porter à 1 mètre le diamètre du tambour autour duquel s'enroule le frein ; cela permettra à l'ouvrier de manier le frein d'une seule main et d'économiser ainsi une partie de son travail qui pourra être reporté au chargement des bourriquets.

On voit fig. 62 et 65 un bourriquet à moellon, et fig. 64 et 68 un bourriquet à mortier ; ils cubaient l'un et l'autre 25 centimètres.

Les puits destinés au service des matériaux avaient aussi, comme ceux destinés au service de la terrasse, été divisés du haut en bas par une cloison en planche, afin d'éviter que les bourriquets en descendant ne rencontrassent ceux qui remontaient. Une cloison avait aussi été clouée sur les moises formant le chassis du blindage. A proximité de chacun de ces puits on avait établi un manége à mortier.

CHAPITRE III.

Tunnel de Montretout.

Le tunnel établi sous le parc de Montretout est en rampe de 5 millimètres et en courbe dont le rayon est de 800 mètres, sa longueur est de 168 mètres (1).

A son entrée, côté de Paris, est située la station

---

(1) Le tracé en courbe d'un tunnel, quoique fort simple, peut paraître aux personnes peu habituées aux travaux géodésiques, une opération difficile. Nous allons donc entrer dans quelques détails à cet égard.

Donnons d'abord la méthode employée le plus ordinairement pour raccorder par des courbes les alignements sur les chemins de fer.

(*Fig. 64 bis.*) Soit deux alignements AB, AC qu'on veut raccorder par un arc de cercle.

On déterminera sur le terrain leur point d'intersection A, et l'on mesurera avec un cercle l'angle DAB, complément de l'angle BAC formé par les deux alignements.

Cet angle obtenu et connu, on se donnera le rayon de la courbe à tracer.

Ces deux éléments suffisent pour calculer, à l'aide d'une table de logarithmes, la longueur de la tangente AM ou AN, et par conséquent la position M et N des points de contact où la courbe doit commencer et finir. Exemple :

Soit les alignements BA et AC comme ci-dessus, le rayon de la courbe = 1500 mètres, et l'angle DAB = 25° 25′. Nécessairement de Saint-Cloud, entre le chemin de la Guette et la rue de l'Arcade. Sa sortie, côté de Versailles, débouche dans une tranchée qui se prolonge jusqu'au parc réservé du château de Saint-Cloud. Cette tranchée, longue de 600 mètres, a sur presque toute son étendue une profondeur de 7 à 8 mètres.

Le tunnel est entièrement revêtu en maçonnerie. Il traverse un terrain mélangé de couches de marne, de sable et de grès. Les fondations, qui sont en béton, reposent sur un banc de pierre de 35 centimètres d'épaisseur que les carriers appellent *rochette*. Au-dessous de ce banc est située une couche argileuse de 13 centimètres, puis une couche de caillasse rougeâtre de 27 centimètres, et enfin un banc de roche coquilleux de 40 centimètres. Ce dernier banc servait de ciel à une carrière exploitée anciennement; il

---

l'angle au centre MOA est moitié de l'angle DAB, il est donc de 12° 42' 30"; et en appelant R le rayon des tables, on fera la proportion suivante :

$$R : \tan 12° 42' 30'' :: 1500 : AM,$$

D'où l'on a $AM = \dfrac{1500 \times \tan 12° 42' 30''}{R}$,

$$\text{Log. tang. } 12° 42' 30'' = 9.3531708$$
$$\text{Log. de } 1500 = 3.1760913$$
$$\text{Somme} - \text{log. R} = 2.5292621$$

Ce logarithme répond à 338.269 ; ainsi on a **AM** = **338.269**.

Les points M et N étant ainsi déterminés, il s'agit de fixer d'autres points de la courbe MN. Pour cela, on calculera la flèche d'un arc de cercle dont la corde sera égale à deux fois la distance qui devra séparer les points à déterminer. Cette flèche sera obtenue par la formule :

$$f = R - \sqrt{R^2 - \left(\tfrac{1}{2}C\right)^2}.$$

était éboulé sur plusieurs points, sur d'autres il était soutenu par des piliers écrasés ou par des bourrages mal faits. Sur un point, à l'emplacement du pied-droit du tunnel, il y avait un fontis. La hauteur des galeries d'exploitation, qui jadis avaient dû avoir environ 2 mètres 50 centimètres, par suite d'affaissement, était généralement réduite à 1 mètre ou 90 centimètres. Pour éviter les tassements que cet état de choses n'aurait pas manqué d'amener plus tard, on a remplacé verticalement au-dessous des pieds-droits de la voûte, les bourrages de la carrière par un mur en maçonnerie. De plus, à droite

---

f = flèche,
R = rayon de la courbe que l'on veut décrire,
C = corde de l'arc dont f est la flèche.

Si, par exemple, la distance qui devra séparer les points à déterminer est de 40 mètres, on aura C = 80 mètres ; et si R = 1500 mètres, on trouvera f = 534 millimètres. Cette flèche obtenue, on procédera sur le terrain de la manière suivante :

(*Fig. 64 ter.*) Soit les alignements AB et AC sur lesquels on a déterminé les points de tangence M et N d'une courbe de 1500 mètres de rayon.

Sur l'alignement AB on mesurera, à partir du point M, une distance MF = 40 mètres ; on mènera FG = 534 millimètres perpendiculairement à MF, et gh = 534 millimètres perpendiculairement à Mh. Si l'opération est faite exactement, Mh sera égal à MF, ce qu'on aura soin de vérifier. La ligne Mh sera ensuite prolongée jusqu'en i, point distant de 40 mètres de h. Les points g et i seront des points de la courbe. On mènera ensuite ik = 534 millimètres perpendiculairement à gk, et l'on prolongera gk jusqu'au point l, distant de 40 mètres du point k. Le point l sera un point de la courbe. La même opération sera faite en partant du point N.

Lorsque l'on aura ainsi déterminé les divers points de la courbe, on y fera planter des piquets à demeure, mais seulement après s'être assuré que les deux portions de courbe qui ont été tracées séparément se raccordent exactement, sans chevaucher l'une sur l'autre, et qu'enfin la courbe jalonnée entièrement ne présente pas de jarrets sensibles à l'œil.

et à gauche, sous tous les blocs de pierre du ciel qui ne présentaient pas une solidité suffisante, on a établi des piliers en maçonnerie. La ligne courbe que forme le tunnel, le peu d'élévation des galeries de la carrière et le peu de solidité du ciel, ont rendu très-difficiles et le tracé et la construction des maçonneries de consolidation.

La fig. 39 représente la coupe de la carrière prise dans le point où il y avait un fontis et avant les travaux de consolidation; la section du tunnel est figurée en lignes ponctuées; dans le fontis, le pied-droit a été descendu jusqu'au fond de la carrière.

Une méthode analogue à celle que nous venons de décrire est indiquée fig. 68 bis. Le point g sera déterminé comme nous venons de l'énoncer, les points i, l, etc. par les sécantes égales entre elles MH, gP, etc., et les ordonnés égaux entre eux Hi, Pl, etc. Ces diverses quantités seront déterminées à l'aide d'une table de logarithmes.

Maintenant que nous avons indiqué les procédés employés pour tracer les courbes des chemins de fer, nous allons donner la méthode suivie pour tracer en courbe le tunnel de Montretout.

La courbe a été d'abord marquée sur la surface du sol avec des piquets, et en employant la dernière méthode que nous venons de donner. A l'emplacement de chacun des puits la courbe a été repérée à l'aide de deux bornes; les puits ont ensuite été percés et la galerie d'axe déblayée en la traçant par cheminements, comme ci-dessus, à l'aide de fils à plomb, espacés de 10 mètres et fixés dans le ciel de la galerie. Lorsque la galerie a été pratiquée sur toute la longueur du tunnel, on a descendu à l'aide d'un fil à plomb un point de la courbe dans chacun des puits; ces points ont été marqués chacun à l'aide d'un clou fixé dans une plate-forme en chêne scellée dans le fond du puits. On a mesuré exactement, à l'aide d'une règle de 10 mètres, les distances comprises entre ces points. Ces distances ont été adoptées comme cordes pour calculer et placer sur des plates-formes scellées en terre des points de courbe de 10 mètres en 10 mètres, points qui ont servi de guides pour établir la maçonnerie du tunnel. La voûte qui a été ainsi plantée ne présente pas la moindre irrégularité sensible à l'œil.

Le procédé qui a été suivi pour la construction est analogue à celui qui a été employé pour le tunnel de Saint-Cloud, dont nous avons parlé dans le premier chapitre. Seulement comme les puits avaient très-peu de profondeur, ils ont été percés sur l'axe du chemin; mauvaise disposition qui a constamment gêné le service pendant la construction. Il leur a été donné une forme circulaire; et ils n'ont pas été blindés, parce qu'ils traversaient un sol résistant.

La coupe moyenne du tunnel est représentée fig. 6 : l'extrados ne touche pas aux terres; il est recouvert d'une chape en mortier de 3 centimètres, d'une chape en bitume de 15 millimètres et d'une chape en cailloux de 10 centimètres pour permettre le passage des eaux qui s'écoulent dans des canivaux sur le côté, et s'échappent dans l'intrados par des tuyaux en fonte placés à quatre ou cinq mètres de distance les uns des autres. Les canivaux sont formés d'une couche de béton dont l'épaisseur, qui en moyenne est de 8 centimètres, varie de manière à donner des pentes et contrepentes suffisantes pour ramener les eaux vers chacun des tuyaux en fonte. Cette couche de béton est recouverte d'une couche de bitume et d'une couche de cailloux, comme la chape à l'extrados.

Les vides qui restaient entre l'extrados et le terrain étaient considérables vers les reins, par suite des éboulements de sable suscités par les nombreuses infiltrations d'eau qui avaient lieu à cette hauteur. Ces vides ont été remplis avec du moellon de médiocre qualité, de la caillasse et du grès provenant des déblais, soit du tunnel, soit des tranchées.

A ces matériaux on mélangeait, suivant le degré de solidité que présentait le ciel, 1/4 ou 1/6 de mortier.

La pose des diverses chapes en mortier, en bitume et en cailloux, ainsi que des remplissages sur les reins, avait lieu au fur et à mesure de la construction, chaque fois que les limousins avaient fait deux ou trois rangs de maçonnerie.

Les étaiements, les anneaux de maçonnerie, les reprises en sous-œuvre des pieds-droits, ont été pratiqués exactement comme au tunnel de Saint-Cloud. Dans les fondations des pieds-droits on a mis une couche de béton dont l'épaisseur moyenne est de 1 mètre 30 centimètres ; tous les déblais nécessaires pour l'établissement des maçonneries ont été enlevés par les puits à l'aide de treuils à bras.

Lorsque les maçonneries ont été entièrement terminées, on a enlevé le noyau de terre resté dans le milieu au moyen de wagons ordinaires de terrassement, traînés par des chevaux sur un chemin de fer posé au niveau du dessous du ballast du rail-way définitif. Ces terres ont été sorties par la tête située du côté de Paris et ont été employées à terminer la levée du chemin.

Les puits ont été commencés en janvier 1888 ; ils ont été terminés, ainsi que la galerie d'axe, en juin même année, soit en cinq mois ; la consolidation des carrières a été faite en même temps que la galerie d'axe. Les maçonneries du tunnel ont été commencées le 23 juin ; elles ont été entièrement terminées le 11 décembre 1838 ; elles ont donc été faites en cinq mois et dix-huit jours. Le souterrain a été en-

tièrement déblayé en février. La construction a donc
duré treize mois.

CHAPITRE IV.

Dépenses des tunnels de Saint-Cloud et Montretout.

Nous avons vu, chap. II, le travail que produisaient
les manéges à deux chevaux ; nous avons trouvé qu'à
l'aide des quatre manéges qui étaient employés au
tunnel de Saint-Cloud, on sortait en dix heures de
travail 117 mètres 20 centimètres de déblai, mesuré
à l'excavation. Les expériences qui ont donné ce résultat ont été faites en juin 1838, époque à laquelle
le travail était conduit avec une grande activité et se
trouvait à tous les degrés d'avancement. Voici le
nombre moyen d'ouvriers qui ont travaillé dans le
souterrain pendant ce mois :

	Pendant le jour.	Pendant la nuit.
Terrassiers.	136	100
Charpentiers.	64	13
Épuiseurs au puits n° 2.	6	6
Compagnons limousins.	105	11
Garçons limousins.	114	28
Ouvriers occupés à tailler le plâtre suivant la courbe des pieds-droits. . . .	10	»
	435	158
Total.	593	

Ainsi, pendant le jour, les manéges étaient servis par 136 terrassiers ; en ajoutant à cela 8 chevaux et quatre charretiers, nous arrivons à la dépense suivante :

136 terrassiers à 3 francs, prix moyen (1) . . . . 408 fr. 00 c.

4 charretiers à 2 francs 50 centimes. 10 00

8 chevaux à 6 francs 48 00

Dépense pour 117 mètres 20 centimètres, faits pendant le jour . . . 466 fr. 00 c.

Ou par mètre cube de terre déposée au bord des puits 3 98

Pour les travaux exécutés pendant la nuit, il n'a pas été fait d'expérience ; mais on peut approximativement en fixer le prix, sachant que les huit heures que durait le travail de nuit étaient payées aux ouvriers comme dix, c'est-à-dire que le travail de nuit était payé un quart en sus de celui du jour.

Le prix du mètre cube de terre enlevée pendant la nuit était donc de 4 francs 97 centimes. Or, comme on peut admettre que le travail total des heures de jour était le double de celui des heures du travail de nuit, le prix moyen du mètre cube de terre était de 4 francs 31 centimes (2).

Le prix qui a été déduit de la dépense totale du tunnel est de 4 francs 44 centimes. Le peu de

---

(1) Les camions à trois roues étaient poussés chacun par quatre hommes dans les galeries ; ils étaient reçus et déchargés en haut des puits par trois hommes.

(2) Les 100 hommes de nuit travaillaient 0 j. 8 h. = 80 j. 0 h.
Les 136 hommes de jour travaillaient 1 j. 2 h. = 163 j. 2 h.

différence qui existe entre ces deux chiffres, prouve l'exactitude des expériences que nous avons données.

Nous avons vu, chap. Ier, comment on élargissait la galerie d'axe pour faire l'emplacement des cintres, ainsi que le mode employé pour faire les fouilles des reprises en sous-œuvre des pieds-droits. Voici le temps qui a été employé au tunnel de Montretout pour élargir une longeur de deux travées de galerie d'axe ou de 3 mètres. Le chef d'atelier surveillant deux équipes, nous avons divisé son temps par moitié. Les terres étaient enlevées par un puits de 10 mètres de profondeur, à l'aide de treuil à bras, et déposées à 5 mètres du puits.

	NOMBRE D'OUVRIERS				Heures du surveillant.
	Piocheurs	Chargeurs	Rouleurs.	Au treuil.	
Première nuit pour abattre la première travée. . .	2	2	3	4	0.5
Le jour à la suite.	4	2	3	4	0.6
Nuit	4	2	3	4	0.5
Jour à la suite.	4	2	3	4	0.6
Nuit.	4	2	3	4	0.5
Demi-jour.	4	2	3	4	0.3

Ce qui donne, en comptant les journées de 12 heures et les nuits de 10 heures, quoiqu'elles ne fussent que de 8 heures de travail effectif,

Journées de surveillants, 3 à 4 f. .   12   »
Journées de terrassiers, 76 à 3 f. .   228   »

                                 240   »

Le cube enlevé étant de 70.00, le prix du mètre cube est de 3 francs 43 centimes.

Voici le temps employé pour faire la fouille de la reprise en sous-œuvre d'une partie de pied-droit de 6.00 de long.

	NOMBRE D'OUVRIERS				Heures de surveillant.
	Plocheurs	Chargeurs	Rouleurs.	Au treuil.	
TRANCHÉE EN AVANT DU PIED-DROIT.					
Première journée.	4	2	3	4	0.6
Nuit.	4	2	3	4	0.5
Jour.	4	2	3	4	0.6
Demi-nuit.	4	2	3	4	0.2
TRANCHÉE EN SOUS-ŒUVRE.					
Première journée.	4	2	3	4	0.6
Nuit.	4	4	3	4	0.5
Jour.	4	4	3	4	0.6
Nuit.	4	4	3	4	0.5
Demi-jour.	4	4	3	4	0.3

Ce qui donne, en comptant les journées et les nuits comme ci-dessus :

Journées de surveillants, 4 jours 4 heures à 4 f. 17 60

Journées de terrassiers, 129 jours 8 heures à 3 f. 389 40

____

407 »

Le cube enlevé étant de 82.80, le prix du mètre cube est de 4 fr. 92 cent., la moyenne des deux prix qui précèdent est de 4 fr. 18 cent., celle qui résulte de la dépense totale du tunnel est de 4 fr. 50 cent.

On conçoit que des expériences faites en petit

lorsque tout est bien disposé donnent un prix de revient plus faible que le prix réel, car dans ces expériences on ne peut tenir compte d'une foule de circonstances qui modifient la dépense, ainsi : Un éboulement peu considérable qui arrive dans le voisinage d'un puits suffit pour désorganiser tout le service pendant plusieurs heures; un étaiement difficile qui survient peut faire perdre un temps considérable à l'atelier de terrasse.

L'éclairage des tunnels de St-Cloud et de Montretout était fait avec de la chandelle que l'on fournissait aux ouvriers, la quantité que brûlait chacun d'eux variait beaucoup suivant les circonstances. Sur les points où il n'y avait point de courant d'air, elle était en 10 heures de travail de 3 chandelles de 16 au kilogramme ou 0 k. 1875, et sur les points où il y avait un courant d'air, dans la galerie d'axe par exemple, certains jours elle était de 6 chandelles ou 0 k. 3750. On peut admettre par homme, en 10 heures de travail, 4 chandelles en moyenne ou 0 k. 25 à 1 fr. 30 cent. ou 0 f. 325.

Nous avons renouvelé ces expériences dernièrement au tunnel du chemin de fer atmosphérique de St-Germain, et nous avons trouvé à peu près le même résultat.

Au souterrain du canal de St-Quentin les ouvriers fournissaient eux-mêmes la chandelle, elle leur était remboursée à raison de 30 centimes par 10 heures. Ce dernier mode est préférable, car il ne faut pas se dissimuler que dans l'autre, non-seulement, bon nombre d'ouvriers n'apportent aucune économie dans le combustible, mais qu'ils trouvent très-naturel d'en emporter pour brûler chez eux.

Dépenses faites pour la construction du tunnel de Saint-Cloud, de 504 mètres de long.

	DÉPENSES (1)		
	par mètre cube.	totale pour le tunnel.	par mètre courant de tunnel.
TERRASSE. (non compris éclairage et dépréciation pour l'usure du matériel).			
Terrasse des dix puits ayant une pro-fondeur moyenne de 27 m. 24, ainsi que de dix galeries y aboutissant, ayant chacune 10 m. de long, le tout cubant 3,328 m. 00.			
Fouille, charge, roulage d'une partie dans les galeries, accrochage, montage à l'aide de treuils à bras, mus chacun par quatre hommes, décrochage et décharge-ment à 5 m. 00 à l'orifice. 3,328 m. 00. . .	5.49	18,271 38	36 25
Charge en tombereau des mêmes terres prises à 5 mètres de l'orifice des puits et transport à une décharge éloignée. . . .	1.40	4,659 20	9 24
Terrasse du vide du tunnel et de l'emplacement des maçonneries cubant 35,000 m. dont 33,900 enlevés par quatre puits dont la profondeur moyenne est de 22,68,600 m. par les têtes, au moyen de petits wagons poussés par des hommes sur un chemin de fer et 1000 m. de pierre à plâtre mis en dépôt dans le tunnel.			
Fouille, charge en brouette et en ca-mions à trois roues, ou en petits wagons, roulage dans les galeries et accrochage pour les déblais enlevés par les puits et déchargement pour ceux sortis par les têtes, 35,000 à.	3.59	1 25,655 95	249 32
Montage et déchargement à 10 m. 00 de l'orifice des puits de 33,900 m. 1 charretier et 3 terrassiers à chaque manége. . . . . 2 chevaux à chaque manége.	0.40 0.45	28,815 00	57 17
Charge en tombereau, soit à 10 m. 00 de l'orifice du puits soit aux têtes du tun-nel et transport à une décharge éloignée. 35,000 m. de déblai à.	1.40	49,000 00	97 22
Fouille pour les fondations des têtes.		504 »	1 00
Fouille de bonne terre pour remblayer sur les têtes après l'achèvement des ma-çonnerie, compris transport et talutage. .		4,029 30	7 99
Enlèvement d'un éboulement de sable survenu à la tête, côté de Versailles, pen-dant sa construction.		5,161 80	10 24
DÉPENSE TOTALE DE LA TERRASSE. . . .		236,096 63	468 43

(1) Les quantités portées dans la 1re et la 3e colonne sont déduites de celles de la 2e par voie de division.

| | DÉPENSES | | |
	par mètre cube.	totale pour le tunnel.	par mètre courant du tunnel.
CHARPENTE (Compris éclairage). La charpente a été faite à l'entreprise. Charpente des puits : châssis, palplanches, cales, etc.,—Tout confondu. 949.17	127.50	121,019 18	240 12
Surface de bois de bateau pour cloison, pour faciliter le passage des camions et bourriquets. . . . . 1434.41 *(m carrés)*	3.00	4,303 23	8 56
Cube total des bois pour galeries latérales : Châssis, palplanches, cales.—Tout confondu. . . . . 61.00 *(m. cubes)*	115.00	7,015 00	13 92
— pour la galerie d'axe. . 363.79	115.00	41,835 85	83 01
Étaiement placé en éventail ou dans les reprises en sous-œuvre, compris couches hautes et basses. . . . . 1er emploi. . .	39.00	53,242 65	105 64
2e emploi. . . .	22.00		
Cintre pour premier emploi, les veaux étant mesurés suivant les plus grandes dimensions.	66.00		
— 2e emploi.	23.00		
Couchis. . . . 1er emploi.	65.00		
— 2e emploi.	25.00	73,304 14	145 44
Étais sur les cintres pour soutenir les couchis lorsque la charge devint trop forte, cales, échantignolles, pour 1er emploi.	60.00		
— 2e emploi.	22.00		
Fers pour boulons des châssis des puits des cintres, etc., pour clous, rappointis, etc.		16,000 00	31 75
Ces prix de charpente comprenaient l'éclairage. Les bois étaient descendus dans les puits par les manéges de la compagnie, mais les ouvriers de l'entrepreneur devaient les attacher et les détacher. Lorsque l'entrepreneur faisait des travaux de nuit, il était obligé, suivant l'usage établi à Paris par les charpentiers, d'augmenter le prix des ouvriers de la manière suivante : deux heures faites après la journée comptaient pour trois, les heures de travail de nuit étaient payées double. La compagnie lui tenait compte de cette augmentation de dépense qui s'est élevée, y compris quelques travaux à la journée, à la somme de.		32,648 91	64 78
DÉPENSE TOTALE DE LA CHARPENTE. . .		349,368 96	693 22

	DÉPENSES		
	par mètre cube.	totale pour le tunnel.	par mètre courant de tunnel.
MAÇONNERIE.			
La dépense pour façon de maçonnerie du béton, du mortier et extinction de chaux se divise ainsi :			
Maçons et garçons. . . . 137.508 f. 02			
Chevaux pour manéges à mortier, bardage des matériaux pris au dépôt des approvisionnements et transportés à l'orifice des puits, bardage de l'eau employée à la fabrication du mortier. . 28,316 64			
165,824 66			
A déduire : pour la construction de l'aqueduc porté plus loin. 5,032 00			
Reste. 160,792 66			
Cette somme se répartit de la manière suivante :			
Maçonnerie provisoire de moellons pour massif entre les échantignolles et remplissage entre les plates-formes.			
Maçonnerie à sec pour façon. . 277.00	8.00	2,216 00	4 40
— avec mortier pour façon de la maçonnerie , bardage du mortier. 277.00	8.40	2,326 80	4 62
Triage et bardage du moellon provenant de la démolition de cette maçonnerie. 500.00	1.50	750 00	1 49
Maçonnerie de moellon hourdée en mortier de chaux hydraulique pour voûtes et pieds-droits, du souterrain, baie, etc., pour façon et bardage des matériaux en haut et en bas des puits, 12,192 m.	10.69	130,287 34	258 51
Béton pour façon, bardage et pose dans la fondation des pieds-droits. . . 815.00	4.52	3,684 00	7 31
Fabrication du mortier employé dans la maçonnerie et dans le béton, le sable pris à une distance moyenne de 100 m. des manéges à mortier. 5,370.38	3.25	17,453 74	34 63
(A cause du bardage à grande distance, nous admettons qu'il faut 1 m. 05 de sable pour 1 m. 00 de mortier.)			
Extinction de 1164 m. 22 de chaux vive formant 1629.91 de chaux éteinte, le foisonnement étant de 0.40 par mètre. . . .	2.50	4,074 78	8 08
Fourniture de 11,359 m. 00 de moellon de roche, compris acquisition ou extraction dans la carrière de la compagnie, transport et emmétrage.	9.00	102,231 00	202 84
(La quantité de moellon nécessaire pour faire la maçonnerie a été complétée avec			
A reporter.		263,023 66	521,88

	DÉPENSES		
	par mètre cube.	totale pour le tunnel.	par mètre courant de tunnel.
Reports		263,023 66	521 88
du moellon de plâtre provenant du souterrain et dont l'extraction se trouve comprise dans les terrassements.)			
Fourniture de cailloux pour béton. 652.00	6.50	4,238 00	8 41
Fourniture de sable. 5618.17	6.15	34,551 75	68 56
Fourniture de chaux. . . . 1164.22	35.00	40,747 70	80 85
Taille de parement smillé de moellons, ci.. . . . . 6984.33	m.carrés 1.60	11,174 93	22 17
Taille de parement du banc de plâtre conservé en pied droit.		2,400 00	4 76
La dépense faite pour sciage, taille, bardage et /pose de la pierre de taille employée aux têtes du tunnel, aux baies et pénétration, s'élève à la somme de 19,132 f. 95 c., répartie ainsi :			
Pierre de taille pour pose et bardage avec grande sujétion. 350.00	fr. 25 00	8,750 00	
Taille avec sujétion pour parement droit, courbe gauche, etc., de pierre employée dans les têtes et les pénétrations à l'intérieur, compris ragréement et rejointolement. 500.00	15 00	7,500 00	37 96
Abattages, évidements, refouillements. 49.00	45 55	2,231 95	
Bardage ordinaire, retaille de pierres endommagées par l'éboulement survenu à la tête côté de Versailles, pendant la construction..		631 00	
Fourniture de pierre de taille. . 455.00	60 00	27,300 00	
Sable pour mortier. 35.00	6 15	215 25	55 29
Chaux hydraulique. 10.00	35 00	350 00	
Dépense totale de la maçonnerie. .		403,134 24	799 88

ÉPUISEMENTS ET TRAVAUX
POUR L'ÉCOULEMENT DES EAUX.

Les épuisements ont eu lieu seulement au puits n° 2 pendant onze mois sans interruption. Il y a en jour et nuit 6 hommes occupés à ce travail, auxquels il a été payé.		14,794 50	45 46
Il a été payé pour location et réparation de pompes et accessoires.		8,117 00	
Fouille d'une galerie de 71 80 de long creusée entre le puits n° 2 et la tête du souterrain, côté de Paris, pour l'établis-			
A reporter.		22,911 50	45 46

	DÉPENSES		
	par mètre cube.	totale pour le tunnel.	par mètre courant de tunnel.
Reports.		22,911 50	45 46
...sement d'un aqueduc pour l'écoulement des eaux.	9 57	2,747 00	
Charpente pour étayement et cintre de cet aqueduc et consolidation du puits n° 2.		3,138 00	
Fer pour boulons, clous, etc.		500 00	
Maçonnerie pour bardage de matériaux et façon.. . . . . 290.00	16 00	4,640 00	
Mortier pour façon.. . . . . . 96.00	3 25	312 00	32 71
Extinction de chaux. 32.00	2 50	80 00	
Fourniture de moellon. . . . 319.00	9 00	2,871 00	
Fourniture de sable. 100.80	6 15	619 92	
Fourniture de chaux hydrauli-que. 22.85	35 00	799 75	
Parement smillé de moellon dans l'a-queduc et dans le puits n° 2. . . 487.15	m.carrés 1.60	779 44	
DÉPENSE totale pour les épuisements et l'écoulement des eaux.		39,398 61	78 17

FRAIS GÉNÉRAUX.

	DÉPENSES		
Matériel de toute nature, manéges, treuils, hangars, bureaux, barrières, ou-tils, éclairage du souterrain pour la maçonnerie et la terrasse, indemnités di-verses, pourboires, secours aux blessés, entretien des chemins, appointements d'employés, etc.		70,721 56	140 32

	DÉPENSES	
	totale pour le tunnel.	par mètre de tunnel.
Terrasse.	236,096 63	468 43
Charpente.	349,368 96	693 22
Maçonnerie..	403,134 24	799 88
Épuisements et travaux pour l'écoule-ment des eaux.	39,398 61	78 17
Frais généraux.	70,721 56	140 32
	1,008,720 00	2,180 02

Dépenses faites pour la construction du tunnel de Montretout, long de 168 mètres.

	par mètre cube.	DÉPENSES totale pour le tunnel.	par mètre courant de tunnel.
TERRASSE.			
Terrasse de trois puits de 0ᵐ.00 de profondeur placée sur l'axe du chemin de fer, ainsi que de la galerie d'axe et de toutes les excavations nécessaires pour l'établissement de la partie supérieure de la voûte et de la reprise des pieds-droits en sous-œuvre, le tout cubant 10,374.00.			
Fouille, charge, roulage, accrochage, montage dans les puits à l'aide de treuils à bras mus chacun par quatre hommes, et déchargement à 5 mètres de l'orifice des puits 10,374.00 à.	4 50	46,683 00	277 87
Fouille, charge et transport au wagon du massif resté dans le tunnel après l'enlèvement des cintres, compris pose de la voie de fer provisoire. 2,688.00	2 65	7,123 00	42 40
Charge en tombereau des terres sorties des puits et transport à une décharge éloignée. 10,374.00	2 00	20,748 00	123 50
Fouille pour la fondation des têtes du tunnel.		625 00	3 72
Fouille de bonne terre pour remblayer sur les têtes après l'achèvement de la maçonnerie, compris transport et talutage.		3,560 00	21 19
Enlèvement d'un éboulement survenu à la tête, côté de Paris.		2,500 00	14 88
Dépense totale pour la terrasse. .		81,239 00	483 56
CHARPENTE.			
La charpente a été faite à l'entreprise. Les puits n'ont pas nécessité d'étayements.			
Bois pour la galerie d'axe, châssis, palplanches, cales, tout confondu. 105.13	115 00	12,089 95	71 96
Étayement placé en éventail ou dans les reprises en sous-œuvre, compris couches hautes et basses.			
Pour premier emploi.	39 00	27,829 99	165 66
Pour deuxième emploi.	22 00		
Cintres pour premier emploi, les veaux étant mesurés suivant les plus grandes dimensions.	66 00		
— deuxième emploi.	23 00		
Couchis le mètre cube, premier emploi.	65 00	20,000 00	119 05
— deuxième emploi.	25 00		
Cales échantignolles, premier emploi. .	60 00		
— deuxième emploi.	22 00		
À reporter.		59,919 94	356 67

	DÉPENSES		
	par mètre cube.	totale pour le tunnel.	par mètre courant de tunnel.
Reports.		59,919 94	356 67
Fers pour boulons des cintres, clous rappointis, etc.		2,500 00	14 88
Ces prix comprenaient l'éclairage.			
Indemnité pour nuits de charpentier y compris quelques journées pour travaux divers.		4,461 29	26 55
DÉPENSE TOTALE POUR LA CHARPENTE. .		66,881 23	398 10

MAÇONNERIE.

La maçonnerie a été faite à l'entreprise. La compagnie fournissait à l'entrepreneur le moellon et la pierre de taille, elle faisait la pose des étais, des cintres, fourniture des hangars et en général de tous les bois. L'entrepreneur faisait les mortiers, les bétons, les maçonneries; il fournissait la chaux, le sable et le caillou pour béton. Les prix qui lui étaient alloués comprenaient l'éclairage; l'eau qu'il fournissait pour les mortiers lui était payée à part.

	par mètre cube.	totale pour le tunnel.	par mètre courant de tunnel.
Béton pour fourniture et main-d'œuvre. 723.00	18 42	13,317 66	79 27
0.78 de cailloux à 6f60. . 5f15 ⎱			
0.52 de mortier à 19 37. . 10 07 ⎰ 18f. 42			
Fabrication et emploi. . 3 20			
Maçonnerie hourdée en terre pour les massifs entre les échantignolles. . 99.29	9 40	933 33	
0.20 de moellon pour déchet ⎱			
à 7f00. . . . . 1f40 ⎰ 9 40			11 93
Bardage et façon, éclairage. 8 00			
Maçonnerie hourdée d'un quart de mortier de chaux hydraulique et sable pour massif entre les échantignolles. . 73.77	14 52	1,071 14	
0.20 de moellon pour déchet ⎱			
à 7f00. . . . . 1f40			
Bardage et façon. . . . 8 00 ⎰ 14 52			
0.25 de mortier à 19f37. 4 84			
Bardage du mortier. . 0 28			
Maçonnerie de moellon pour voûtes et pieds-droits. 4,113.04	22 18	91,227 23	543 02
1.10 de moellon à 7f00. 7f70 ⎱			
Bardage. 1 20			
Façon. . . . . 6 60 ⎰ 22 18			
Éclairage. 0 50			
0.35 de mortier à 19f37. 6 78			
Bardage du mortier. . . 0 40			
A reporter.		106,549 36	634 22

	DÉPENSES		
	par mètre cube.	totale pour le tunnel.	par mètre courant de tunnel
Reports.		106,549 36	634 22
Maçonnerie de moellon pour démoli- tion et reconstruction par suite d'éboule- ments. 36.09	16 98	612 81	3 65
0.10 déchet de moellon. 0f70 Démolition et nettoyage des matériaux. . . . 2 00 Façon. . . . . 6 60 } 16 98 Éclairage. . . . . . . 0 50 Mortier. . . . . 6 78 Bardage du mortier. . . 0 40			
Surface de chéneaux de 0.08 d'épais- seur en béton de gros sable pour l'écoule- ment des eaux sur le côté de la voûte. 157.76	m. carrés 2 64	416 49	2 48
0.08 de mortier à 21f70. 1f74 Façon, approche, éclai- rage. . . . . 0 90 } 2 64			
Enduit de 0.03 d'épaisseur en mortier, sur l'extrados de la voûte. . . . 1,608.52	1 65	2,654 06	15 80
0.03 de mortier à 21f70. 0f65 Bardage, façon, déchet, éclairage. . . . . . 1 00 } 1 65			
Cailloux placés sur la voûte pour facili- ter l'écoulement des eaux. . . . 157.61	m. cubes 9 00	1,418 49	8 45
1.00 de cailloux. . . . 6f60 Bardage. . . . . 1 20 } 9 00 Façon. . . . . 1 00 Éclairage. 0 20			
Remblais en cailloux ou moellons et terre sous l'extrados. 300.70	9 40	2,826 58	16 82
1.00 de moellon. . . . 7f00 Bardage. . . . . 1 20 } 9 40 Façon. . . . . 1 00 Éclairage. . . . . . . » 20			
Remblais en moellon mélangé d'un sixième de mortier sur l'extrados. 21.29	13 99	297 85	1 77
1.00 de moellon. . . . 7f00 0.17 de mortier à 19f37. 3 29 Bardage de moellon. . . 1 20 } 13 99 Bardage de mortier. . . 0 20 Façon. . . . . 2 00 Éclairage. 0 30			
Remblais en moellon mélangé d'un quart de mortier sur l'extrados. . 315.56	15 60	4,922 74	29 30
1.00 de moellon. . . . 7f00 0.25 de mortier à 19f37. 4 82 Bardage de moellon. . . 1 20 } 15 60 Bardage de mortier. . . 0 28 Façon. . . . . 2 00 Éclairage. 0 30			
Parement et jointoyement de moellon smillé. 2,963.81	m. carrés 2 90	8,595 05	51 16
A reporter.		128,293 45	763 65

	DÉPENSES		
	par mètre cube.	totale pour le tunnel.	par mètre courant de tunnel.
Reports.		128,293 43	763 65
Parement de moellon smillé sans join-toyement 128.43	m. carrés 1 90	244 02	1 45
Pierre de taille employée aux têtes du tunnel. 82.60	m. cubes 77 21	6,377 55	
1.20 de pierre à 50f00. . 60f00 Bardage, pose et fourni-ture de mortier. . . . 17 21 } 77 21			
Évidement de même pierre. . . 3.14	95 00	298 30	
1.00 de pierre. . . . . . 50f00 Main-d'œuvre. . . . . 45 00 } 95 00			52 38
Abattage de même pierre. . . 4.76	85 00	404 60	
1.00 de pierre . . . . . . 50f00 Main-d'œuvre. . . . . 35 00 } 85 00			
Taille de parement droit, courbe et d'évidement, tout confondu. . . 181.00	m. carrés 9 50	1,719 50	
Fourniture d'eau.		1,920 00	11 43
Dépense par suite de l'éboulement ar-rivé à la tête, côté de Paris. . . . . . . ,		350 00	2 08
DÉPENSE TOTALE POUR LA MAÇONNERIE. .		139,607 40	830 99
Superficie de chape en bitume sur l'extrados. 1,766.28	4 00	7,065 12	42 06
Tuyaux en fonte pour l'écoulement des eaux de la voûte. 916.75	le kil. 0 34	311 69	1 85
DÉPENSE TOTALE pour bitume et tuyaux en fonte.		7,376 81	43 91

CONSOLIDATION
DES CARRIÈRES SOUS LE TUNNEL.

	par mètre cube.	totale pour le tunnel.	par mètre courant de tunnel.
Sondes, fouilles de galerie pour le ser-vice et pour l'emplacement des maçonne-ries, enlèvement d'une partie des terres pour les puits et transport à une déchar-ge éloignée, remblais des galeries deve-nues inutiles après l'achèvement. . . .		10,655 00	63 42
Charpente pour étayement.		2,102 89	12 52
Maçonnerie pour la consolidation du ciel. 933.00	22 18	20,693 94	123 18
DÉPENSE TOTALE pour la consolidation des carrières.		33,451 83	199 12

FRAIS GÉNÉRAUX.

	par mètre cube.	totale pour le tunnel.	par mètre courant de tunnel.
Matériel de toute nature, outils, treuils, hangars, bureaux, barrières, éclairage du souterrain, entretien des chemins, in-demnités diverses, pourboires, secours aux blessés, appointements d'employés, etc.		19,358 73	115 23

RÉSUMÉ DES DÉPENSES DU TUNNEL DE MONTRETOUT.

	DÉPENSES	
	totale pour le tunnel.	par mètre de tunnel.
Terrasse.	81,239 00	483 56
Charpente	66,881 23	398 10
Maçonnerie.	139,607 40	830 99
Bitume et tuyaux en fonte pour l'écoulement des eaux.	7,876 81	43 91
Consolidation des carrières sous le tunnel.	33,451 83	199 12
Frais généraux.	19,358 73	115 23
TOTAUX.	347,915 00	2,070 91

Comparaison des dépenses des tunnels de Saint-Cloud et de Montretout.

	DÉPENSE PAR MÈTRE COURANT DE TUNNEL.	
	Saint-Cloud.	Montretout.
Terrasse.	468 43	483 56
Charpente.	693 22	398 10
Maçonnerie.	799 88	830 99
Épuisements et travaux pour l'écoulement des eaux.	78 17	43 91
Consolidation des carrières sous le tunnel.	» »	199 12
Frais généraux.	140 32	115 23
TOTAUX.	2,180 02	2,070 91

On remarque que la dépense de la charpente s'est élevée au tunnel de Saint-Cloud à la somme de 693 fr. 22 cent., tandis qu'à celui de Montretout elle n'a été que de 398 fr. 10 cent. Cette énorme différence provient de ce qu'au souterrain de Saint-Cloud il y a eu des galeries latérales et que les puits ont été blindés, ce qui n'a pas eu lieu à celui de Montretout.

La différence qui existe dans les frais généraux provient de ce qu'au tunnel de Montretout le matériel nécessaire à l'exécution des maçonneries ayant été en général fourni par l'entrepreneur, sa valeur se trouve comprise dans celle de la maçonnerie, et de ce que les terres ont été sorties des puits à l'aide de treuils à bras ; tandis qu'au souterrain de Saint-Cloud les frais généraux comprennent le matériel employé au service des maçonneries, les treuils à bras ainsi que les manéges à terre.

En comparant le détail des dépenses de la charpente pour les tunnels, on s'aperçoit que pour celui de Montretout l'étayement placé en éventail eu dans les reprises en sous-œuvre monte à la somme de 165 fr. 66 cent. par mètre courant, tandis qu'à celui de Saint-Cloud la dépense pour le même article ne s'élève qu'à la somme de 105 fr. 64 cent. Cela tient à ce qu'au souterrain de Saint-Cloud, sur une très-grande longueur, le banc de plâtre qui a été rencontré dans les pieds-droits a rendu inutile l'étayement dans les reprises en sous-œuvre.

CHAPITRE V.

Considérations sur la construction des tunnels en général.

Pendant longtemps les procédés employés pour la construction des tunnels ont été très-imparfaits, et souvent d'une complication telle que les travaux étaient presque impossibles et marchaient alors avec une lenteur extrême. Rendre à l'ouvrier le travail facile, afin qu'il puisse produire beaucoup en peu de temps, cette règle, que le praticien doit avoir sans cesse en vue, était généralement oubliée; aussi est-il arrivé que la construction de tunnels placés dans des conditions favorables à une rapide exécution a duré sept ou huit ans. De nos jours, on voit encore exécuter des souterrains avec des systèmes défectueux ou même, pour nous exprimer d'une manière plus juste, sans aucune méthode suivie et pour ainsi dire au hasard; ce qui, tout en compromettant l'existence des ouvriers, ne permet point de faire vite et économiquement. Les leçons de l'expérience ne sont appliquées que par fort peu de constructeurs. Nous passerons sous silence tous ces moyens, que nous pensons inutile de faire connaître à nos lecteurs, et nous dirons quelques mots sur ceux qui nous semblent devoir être employés. Ils doivent varier suivant les circonstances dans lesquelles on se trouve; cependant on peut ramener tous les cas à quelques principaux, détaillés ci-après.

Terrains très-durs, ou suffisamment durs pour ne pas nécessiter de revêtement en maçonnerie, peu ou beaucoup d'eau. Dans les terrains très-durs, ou suffisamment durs pour ne pas nécessiter de revêtement en maçonnerie, on percera sur l'axe du tunnel projeté des puits destinés à entrer en galerie souterraine par plusieurs points à la fois (1). Les distances qui les sépareront

---

(1) Dans ce système, contrairement à ce qui a été fait au tunnel de Saint-Cloud, nous plaçons les puits sur l'axe, attendu qu'aussitôt que la galerie principale est percée, les déblais sont sortis par les

seront fixées suivant le degré de rapidité que l'on voudra imprimer au travail. Avec les premiers déblais, le haut de chaque puits sera élevé d'un ou deux mètres au-dessus du terrain naturel, afin d'éloigner les eaux pluviales et de faciliter le déchargement des matériaux extraits. A mesure que le forage d'un puits sera arrivé au niveau du dessous du ballast, on entrera en galerie en avant et en arrière, suivant l'axe du railway, de manière à ne former plus tard qu'une seule galerie dans toute la longueur du tunnel (*fig.* 69). Cette galerie aura les dimensions suffisantes pour permettre d'introduire, à l'aide d'un chemin de fer, des wagons ordinaires de terrassement. Si l'on rencontre de l'eau, on descendra le fond des puits à 1 mètre 50 centimètres ou 2 mètres au-dessous du niveau de la galerie. Ces cavités, qui seront recouvertes de planchers solides, recevront les eaux qui seront ensuite épuisées par les puits au moyen de pompes mues soit par des hommes, soit par des chevaux, soit par des machines à vapeur, suivant l'importance des épuisements à faire. Sur le milieu de la galerie, on pratiquera une rigole *a*, suffisamment profonde pour que toutes les

---

têtes au moyen de wagons et que les puits deviennent inutiles, que de plus on a la facilité, pendant le forage de la galerie, d'amener les déblais sous le puits à l'aide d'un chemin de fer; ce qui est difficile lorsqu'ils sont percés de côté, parce qu'il faut alors plier le railway suivant des courbes d'un rayon très-petit, ou placer des plaques tournantes qui ont l'inconvénient de ralentir le travail. Lorsque le service de la maçonnerie doit se faire par les puits, nous adoptons encore cette disposition; mais alors, comme on le verra plus loin, nous séparons chaque puits de la galerie à l'aide d'un plancher qui permet de monter et de descendre des matériaux sans gêne pour le service dans le bas.

eaux puissent s'écouler facilement. Elle sera recouverte d'un plancher ou de pierres plates, si les déblais en fournissent.

Pendant que les puits et la galerie se creuseront, on poussera activement le déblai des tranchées devant servir d'entrée au tunnel. On comprend en effet qu'aussitôt que la tranchée d'aval sera mise à profondeur et qu'elle communiquera à la galerie, les épuisements deviendront inutiles (1).

De plus, elle pourra être employée au service des déblais du tunnel.

Mais si la tranchée devait durer longtemps et que les eaux fussent abondantes, on creuserait de loin en loin des puits sur l'axe de la tranchée, et l'on pratiquerait une galerie communiquant avec celle du tunnel. Cette galerie permettrait de faire écouler les eaux et de sortir les déblais du souterrain, de plus elle servirait de gorge pour déblayer la tranchée à mesure qu'elle se trouverait découverte par suite de l'enlèvement des terres (2).

Lorsque la galerie sera percée dans toute la longueur du tunnel et qu'elle communiquera à l'extérieur par ces extrémités, on vérifiera le nivellement ainsi que le tracé, et on posera un chemin de fer qui

---

(1) Il est important, lorsqu'on étudie un projet de chemin de fer, de donner de la pente dans les parties en tunnel, afin que l'écoulement des eaux se fasse facilement pendant et après la construction.

(2) On appelle gorge une tranchée suffisamment large pour poser un chemin de fer dans une masse à déblayer, de manière à pouvoir mettre plusieurs wagons en charge simultanément sur la même voie. Dans le cas qui nous occupe, on pourra se servir des puits creusés dans l'emplacement de la masse à déblayer pour charger les wagons placés dans le bas; cela permettra de pousser plus activement le déblai en l'attaquant sur plusieurs points.

se prolongera à l'extérieur jusqu'au point où devront être déposés les déblais, et l'on attaquera ensuite le travail de la manière suivante, en autant de points que l'on voudra former d'ateliers, ce qui sera déterminé suivant le degré de vitesse que l'on voudra imprimer au travail.

(*Fig.* 70.) Dans le ciel de la galerie on formera une excavation *b* suffisante pour loger un ou deux mineurs, puis on séparera cette excavation de la galerie par un plancher solide formé de traverses de 25 à 30 centimètres d'équarrissage, espacées de 1 mètre 50 centimètres, sur lesquelles reposeront de forts couchis. Les mineurs élargiront alors l'excavation et lui donneront la forme de la section du tunnel, mais en descendant seulement au niveau du ciel de la galerie (*fig.* 71).

On chargera les déblais dans les wagons en enlevant provisoirement quelques couchis du plancher. Lorsque l'excavation *c* ainsi faite aura une longueur suffisante, on augmentera le nombre des mineurs de manière à mener de front, avec deux ateliers *c*, *c′* (*fig.* 73) marchant en sens inverse, le déblai de toute la partie du tunnel située au-dessus du niveau du ciel de la galerie.

On aura soin, à mesure que l'on avancera, de poser en avant, sous le ciel de la galerie en *d* et *d′*, la partie de plancher qui deviendra inutile en arrière aux points *e* et *e′*, de manière que les déblais ne viennent jamais embarrasser la marche des wagons sur le chemin de fer. On aura soin de laisser sur les planchers les tas de déblais *g* et *g′*, disposés de manière qu'ils reçoivent le choc des mines, afin d'éviter autant que possible la rupture des bois.

Lorsque la partie supérieure sera ainsi déblayée sur une trentaine de mètres de long, on placera dans le milieu de cette distance, de chaque côté de la galerie, deux ateliers qui en enlèveront les parois f (*fig.* 72, 73 et 74), de manière à former le profil complet du tunnel. Aussitôt que ce profil sera exécuté sur une longueur suffisante, on posera une voie d'évitement afin de faciliter le service des wagons. Alors deux tiers de la largeur du tunnel seront consacrés aux deux voies de fer, et l'autre tiers servira à faciliter la circulation des ouvriers et des chevaux, et à déposer des matériaux, bois, outils, wagons cassés, etc. Si les wagons étaient trop larges pour permettre d'adopter cette disposition, on reculerait sur le côté la voie posée sur l'axe, afin d'avoir assez de place pour la deuxième voie ; mais, dans ce cas, il serait préférable de placer, dès le principe, la galerie un peu à droite ou à gauche, afin d'éviter une pose et une dépose de chemin de fer.

Le prix des tunnels, assez larges pour deux voies et percés dans un terrain suffisamment dur pour ne pas nécessiter de revêtement en maçonnerie, varie de 900 francs à 1,200 francs le mètre courant, lorsqu'on ne rencontre pas d'eau ou qu'on en rencontre peu. Celui de Revin (canalisation de la Meuse), de 6 mètres 40 centimètres de large et de 213 mètres de long, a coûté 1,180 francs, et a été exécuté en 2 ans et 5 mois ; il est établi dans une roche schisteuse feuilletée. Le souterrain de Han (canalisation de la Meuse), de 554 mètres de long et 6 mètres 40 centimètres de large, a coûté 954 francs 36 centimes le mètre et a été exécuté en 2 ans et 10 mois. Il traverse un calcaire d'un grain grossier, gris bleuâtre (terrains dewoniens) (1).

Lorsque le terrain sera suffisamment dur pour se tenir sans étayements, mais nécessitant cependant, par sa nature, un revêtement en maçonnerie, on suivra exactement le procédé que nous venons de

Terrain suffisamment dur pour se tenir sans étayement, mais nécessitant un revêtement en maçonnerie, peu ou beaucoup d'eau.

(1) Le prix du mètre linéaire du souterrain de Revin se compose ainsi :

	j.	fr.	fr.	fr.
Chef mineur.	17 64	à 2 611	16 06	
Mineurs	105 26	2 396	252 20	
Aides mineurs.	148 55	2 149	319 23	
Manœuvres	69 57	1 651	114 86	
Ouvriers divers, voituriers	8 26		21 54	
Ouvriers à la tâche. . . .	37 64	2 458	92 52	
	j.		fr.	
Totaux.	386 92		846 41	846 41

Fournitures et autres dépenses.

	k.	fr.	fr.	fr.
Poudre	63 493	2 013	127 81	
Réparation d'outils. . . .			103 48	
Barres à mines.	80 112	0 636	50 95	
Tubes à mines.			47 06	
Chandelles.	27 81	1 446	40 21	
Outils divers.			16 77	
Planches, madriers, brouettes			13 65	
Bois pour blindages ou étayements.			7 69	
Dépenses diverses			21 62	
			fr.	
			429 24	429 24
				fr.
			Total. .	1275 65

Ce prix comprend quelques travaux faits dans les tranchées en dehors des têtes; en les déduisant, il se réduit à 1,180 fr.

Le roctage pour puits, galeries latérales, galerie d'axe, etc., qui décrire, seulement on augmentera l'excavation de toute l'épaisseur du revêtement ; et lorsqu'elle sera terminée sur une certaine longueur, à l'aide de wagons on introduira les matériaux nécessaires à la

---

forme 22 p. 100 du volume total, est revenu, tous frais réunis, à 48 fr. 28 c. le mètre cube ; et le roctage en grande section, qui est de 78 p. 100 du volume total, est revenu à 19 fr. 22 c. Le foisonnement a été de 75 p. 100.

Le prix du mètre linéaire du souterrain de Han se compose de la manière suivante :

	j.	fr.	fr.	
Chef mineur	18 44	3 00	55 32	
Mineurs	86 92	2 55	221 65	
Aides mineurs	104 43	2 13	222 44	
Manœuvres	37 18	1 58	58 74	
Ouvriers divers	6 59	1 97	12 98	
Tâcherons	20 86	2 59	54 03	
	j.		fr.	
Totaux	274 42		625 16	625 16

Fournitures et autres dépenses.

	k.	fr.	fr.	
Poudre	49 021	2 115	103 68	
Chandelles	41 166	1 492	64 42	
Barres à mines	46 807	0 57	26 68	
Réparation d'outils			53 56	
Outils divers			21 09	
Tubes, ferblanterie			17 90	
Planches, madriers, bois			12 74	
Perches, paille, genêts			5 64	
Dépenses diverses			26 49	
			fr.	
			329 20	329 20
			fr.	
Total				954 36

Le prix du mètre cube de roctage pour puits, galeries latérales, galerie d'axe, rigoles, etc., est de 42 fr. 40 c. ; et celui du roctage en grande section, d'une importance des deux tiers du volume total, est de 10 98 fr. c. Le foisonnement a été de 65 p. 100.

construction du revêtement qui sera commencé par les pieds-droits, exactement comme une voûte ordinaire faite à ciel ouvert; seulement, en arrivant vers la clef, pour fermer la voûte avec plus de facilité, on pourra employer le châssis dont on s'est servi à Saint-Cloud (*fig.* 33, 34, 35 et 36). La voûte sera faite par anneaux successifs de 6 ou 8 mètres de long. Sauf le châssis de fermeture, le procédé que nous venons d'indiquer a été adopté pour la construction des souterrains du chemin de fer de Paris à Rouen et de Rouen au Havre. Les souterrains du chemin de fer de Rouen, au nombre de quatre, forment ensemble une longueur de 5092 mètres, dont 680 mètres ne sont pas revêtus en maçonnerie et 4412 mètres sont revêtus en maçonnerie de briques sur 45 centimètres d'épaisseur réduite. Ces tunnels ont été construits à forfait pour 1,105 francs par mètre courant, tout confondu. Ils ont 7 mètres 60 centimètres de largeur mesurée à la naissance de la voûte.

Les tunnels du chemin de fer de Rouen au Havre sont au nombre de huit, formant ensemble une longueur de 6644 mètres; ils ont 6 mètres 62 centimètres de largeur à la naissance, sont revêtus en maçonnerie de briques, dont l'épaisseur est généralement de 45 centimètres; ils ont été construits par un entrepreneur à raison de 889 francs le mètre courant, non compris les dépenses imprévues provenant des éboulements, des augmentations d'épaisseur des maçonneries, des épuisements et travaux pour l'écoulement des eaux, etc., de sorte que le prix réel a varié entre 1,000 et 1,200 francs le mètre linéaire. Ces tunnels sont pratiqués dans la craie glauconnieuse, mélangée de bancs siliceux et de rognons de silex.

Les souterrains du chemin de fer de Liége à Aix-la-Chapelle, au nombre de dix-huit entre Chenée et Dolhain, dont un de 637 mètres, deux au-dessous de 100 mètres et les autres compris entre 100 mètres et 380 mètres, peuvent être classés dans le cas précédent, attendu qu'ils sont en général construits dans un sol assez dur. Ils ont 7 mètres 50 centimètres de largeur, mesurée à la naissance de la voûte, et 42 mètres 13 centimètres de section; ils sont complétement revêtus d'une à quatre épaisseurs de briques, et ont coûté de 1,200 à 1,300 fr. le mètre courant. Le mètre cube de déblai est revenu à 17 francs 40 centimes, la maçonnerie de brique pour voûte a coûté 28 francs, et celle pour pieds-droits 18 francs le mètre cube.

Terrain peu résistant, peu ou beaucoup d'eau.

Si le sol à traverser est peu résistant, on creusera sur l'axe du tunnel des puits destinés à entrer en galerie par plusieurs points à la fois. La distance qui les séparera sera fixée d'après le degré de rapidité que l'on voudra imprimer à la construction. Les puits seront blindés, si cela est nécessaire, d'après la méthode adoptée au tunnel de Saint-Cloud (*fig.* 7, 9 et 12). Avec les premiers déblais, le haut de chaque puits sera exhaussé d'un ou deux mètres, afin d'éloigner les eaux pluviales et pour faciliter les épuisements et le déchargement des déblais.

La galerie souterraine sera placée (*fig.* 75) de manière que son ciel divise à peu près par le milieu la hauteur totale de l'excavation à faire pour l'établissement du tunnel, elle sera blindée solidement et sera assez grande pour permettre d'introduire, à l'aide d'un chemin de fer, des wagons ordinaires de terrassement, lorsqu'elle sera percée jusqu'à l'extérieur. Les puits descendront jusqu'à 1 mètre 50 centimètres ou 2 mètres plus bas que le niveau inférieur de la galerie, afin de l'assainir et de faciliter les épuisements. Dans le milieu de la galerie, on placera la buse *a* destinée à recevoir et conduire les eaux, d'abord vers les puits où elles seront épuisées, et plus tard directement à l'extérieur, par les têtes, lorsque les communications seront établies sur ces points. Cette buse sera recouverte d'un plancher assez solide pour porter les chevaux qui traîneront les wagons (*fig.* 76 et 77). Lorsque la galerie sera percée d'un bout à l'autre, on ouvrira deux galeries de quelques mètres de longueur, en partant de l'intérieur de chaque puits, l'une en avant, l'autre en arrière, dans l'axe du tunnel et dans la partie comprise entre l'extrados de la voûte projetée et le ciel de la galerie principale ; on posera des chevalements espacés entre eux de 2 mètres, ainsi que nous l'avons indiqué pour le tunnel de Saint-Cloud (*fig.* 16 et 17), et l'on continuera ensuite à droite et à gauche l'excavation, en lui donnant la forme de l'extrados et en posant des étais en éventail. Les terres seront chargées dans des wagons placés au-dessous de la galerie principale, par des ouvertures que l'on pratiquera dans le ciel de cette galerie, en enlevant provisoirement quelques couchis. L'étayement, la pose des cintres, la construction des anneaux, seront faits exactement, comme nous l'avons indiqué pour le tunnel de Saint-Cloud (chap. 1er). Les matériaux seront introduits par les puits et reçus sur les planchers, qu'on aura eu soin de faire sous les puits et en prolongement du ciel en couchis de la galerie principale, sur lequel ils seront transportés ensuite à la brouette.

La fig. 76 représente l'excavation et l'étayement en éventail d'un anneau avant la construction en maçonnerie. La fig. 77 représente, entre les points *c* et *b*, la même excavation vue de côté, mais après la pose des cintres *e*, *f*, *g*, entre les quatre rangées d'étais placés en éventail; entre les points *b* et *d* on a figuré une partie d'anneau terminée. La fig. 81 représente l'ensemble du travail; sous le puits *h* est le premier anneau construit *i*, *i'*, de 6 mètres de long; à la suite sont deux anneaux *i k*, *i' k'*, construits après le premier *i i'*; leur épaisseur est moins forte à cause de leur éloignement du puits. Après viennent deux anneaux *k l*, et *k' l'*, en cours de construction suivis de deux ateliers de terrasse. Dans chacun de ces derniers sont placées quatre rangées d'étais en éventail, entre lesquels les cintres ne sont pas encore posés. En dessous de ces ateliers de terrasse, dans la galerie principale, sont des wagons, dans lesquels on charge les déblais des ateliers *l m*, *l' m'*. Les matériaux nécessaires à la construction des anneaux sont descendus par le puits *h* et mis en approvisionnement sous les anneaux dont la construction est terminée entre *k* et *k'*. On voit que d'après cette méthode, les services de maçonnerie et de terrasse ne se gênent point, que les éboulements de quelque gravité, n'ayant lieu ordinairement que là où l'excavation n'est pas encore revêtue en maçonnerie, c'est-à-dire entre les points k, m et k', m', ne pourraient causer d'accident grave dans le cas où il en surviendrait, puisque les hommes peuvent se réfugier soit sous les anneaux terminés, $k\,i$, $i'\,k'$, soit dans la galerie principale entre les points n, o et n', o'.

La reprise des pieds-droits en sous œuvre se fera de la manière suivante :

(*fig.* 78.) On enlèvera sur l'un des côtés de la galerie principale les couches d'une ou plusieurs travées de blindage, on déblayera suffisamment pour permettre de poser sous chaque cintre mis à découvert une jambe de force P, après la pose de laquelle on continuera la fouille à l'emplacement du pied-droit (*fig.* 79), qui sera ensuite construit (*fig.* 80) exactement comme cela a été fait au tunnel de Saint-Cloud (chap. 1ᵉʳ). On répétera la même opération sur le côté opposé.

On décintrera et on bouchera les trous laissés à l'emplacement de l'entrait des cintres. Il faudra, autant que possible, hâter l'achèvement complet de quelques parties de voûte, afin de pouvoir établir des voies d'évitement pour faciliter le service des wagons.

Dans quelques cas il serait dispendieux, à cause des localités, d'amener les matériaux au bord des puits pour les descendre ensuite dans la galerie ; il pourrait être préférable de les introduire par les têtes du tunnel à l'aide des wagons employés pour les terrassements lorsqu'ils reviennent à vide. Cette question d'économie sera décidée par le constructeur, suivant les circonstances qui se présenteront ;

mais nous devons faire remarquer que ce dernier procédé est un sujet de retard continuel et pour le terrassement et pour la maçonnerie.

Le système que nous venons de décrire offre sur le système employé à Saint-Cloud de nombreux avantages : il permet de donner aux eaux, s'il s'en présente, un écoulement facile par la galerie principale ; d'exécuter l'excavation avec rapidité et économie ; d'utiliser presque tous les déblais pour faire à l'extérieur la levée du railway ; de diminuer le nombre des puits ; et, dans le cas où ils ne pourraient être utilisés que difficilement pour le service des matériaux, à cause soit de leur grande profondeur, soit de la difficulté qui pourrait se présenter pour faire les approvisionnements près de leur ouverture, il permet encore de faire le service de la maçonnerie par les têtes du tunnel, au moyen de wagons. Il peut, de plus, se combiner parfaitement avec celui que nous avons décrit pour les terrains résistants dans le cas où l'on rencontrerait dans le même tunnel des parties très-résistantes et d'autres qui ne le seraient que peu, ainsi que cela s'est présenté au souterrain du chemin de fer atmosphérique de Saint-Germain.

Si l'exécution des tranchées destinées à servir d'entrée et de sortie au tunnel devait être longue, et que les eaux fussent très-abondantes, on percerait, dans l'emplacement de la tranchée d'aval, une galerie en prolongement de celle du souterrain. Elle serait employée au passage des eaux et des wagons, et servirait de gorge pour faciliter le déblai de la tranchée.

Mais si les eaux étaient peu abondantes et que les tranchées dussent avoir une très-grande étendue, on emploierait pour établir le souterrain le système adopté pour le tunnel de Saint-Cloud, et qui est décrit dans le chapitre premier. Ce système, qui présente une grande sécurité, permettra d'imprimer au travail une rapidité considérable.

Les tunnels exécutés dans un sol peu résistant reviennent à un prix bien plus élevé que ceux établis dans un sol présentant de la solidité; ils exigent plus de soin, des étayements considérables et de grandes épaisseurs de maçonnerie.

Le prix de ceux établis jusqu'à ce jour, d'une largeur suffisante pour deux voies, a varié généralement de 1,700 fr. à 2,400 fr. le mètre courant. Le souterrain de Kilsby, sur le chemin de fer de Londres à Birmingham, est même revenu à 3,410 fr. le mètre courant, et celui de Saltwood, sur le chemin de Londres à Douvres, à 3,664 fr.

Quelquefois, lorsque le terrain dans lequel on établit un tunnel est très-peu consistant, on est obligé de construire un radier général, afin d'empêcher les terres de remonter par suite de la pression à laquelle elles sont soumises.

Alors le radier est fait après coup, c'est-à-dire à mesure que des parties de voûte se trouvent entièrement construites et déblayées. On donne au radier la forme d'une voûte renversée qui vient s'appuyer contre les fondations des pieds-droits du tunnel. Cela s'est présenté au souterrain de Braine-le-Comte, sur un railway belge. Ce tunnel, qui est fait pour une seule voie (1), et dont la section est de 25 mètres 10 c., a coûté 1,200 fr. le mètre courant. Les tunnels de Saltwood et de Bleckingley, sur le railway de Londres à Douvres, ont aussi des radiers en maçonnerie.

Déblais.

Dans tous les cas énoncés, suivant la nature du sol, les fouilles se feront à la pioche, au pic, à la pince ou à la mine. Pour enlever par les puits les déblais provenant des puits et des galeries, on emploiera d'abord le treuil à bras (*fig.* 43, 44)—(*fig.* 37, 38, 40, 41 et 42), ensuite le manége à deux chevaux, auquel on attellera d'abord un seul cheval si les déblais ne marchent pas assez vite pour en entretenir davantage. Dans ce cas les baquets, ou jales faits pour le treuil à bras, seront employés pour sortir les déblais, et l'on en montera deux à la fois. Lorsque le travail marchera avec plus de célérité, on attellera au manége deux chevaux, et les terres seront montées soit dans des camions (*fig.* 45, 46, 47, 48 et 49), comme au souterrain de Saint-Cloud, soit dans de petits wagons, si l'on pose un petit railway pour percer la galerie qui doit être établie dans l'axe du tunnel. Ce chemin de fer rendra un grand service si les localités forcent à placer les puits à une grande distance les uns des autres.

Déblais à la mine.

Quand le percement d'un puits aura lieu à la mine, le mineur, lorsqu'il aura mis le feu à la mèche, se fera remonter à 15 où 20 mètres dans le

---

(1) Le tunnel de Braine-le-Comte est fait pour une seule voie, mais un deuxième tunnel a été percé à côté du premier et a donné passage à une deuxième voie.

puits pour éviter les éclats. On pourra, afin d'éviter la perte considérable de temps qui a lieu habituellement pour attendre que les gaz de la poudre soient dissipés, renouveler rapidement l'air à l'aide d'un ventilateur.

Pour percer les galeries à la mine, on pourra employer le procédé suivant (*fig.* 15 *bis* et 15 *ter*). On évidera l'espace sur 0.20 ou 0.25 de hauteur, et 0.80 ou 1.00 de profondeur sur toute la largeur de la galerie, puis on percera les trois trous de mine *b*, *c*, *d*. Le feu sera mis aux trois mines de manière que *c* parte la première et *b*, *d* ensuite; toute la partie située au-dessus de l'évidement *a* sera ainsi détachée. On séparera ensuite la partie *f* en y pratiquant trois trous de mine verticalement.

Lorsqu'on percera les puits et la galerie, s'il se présente de l'eau et que la quantité ne soit pas trop considérable, on profitera du mouvement des manéges destinés à enlever les déblais pour faire mouvoir une pompe. Le mouvement pourra être communiqué à l'aide d'une courroie s'enroulant sur le tambour du manége et sur une excentrique faisant mouvoir le piston de la pompe. Épuisements.

Dans le cas où la quantité d'eau serait plus grande, on posera un manége spécial pour l'épuisement; il pourra être attelé de un, deux, trois ou quatre chevaux suivant le besoin. Le nombre des chevaux pourrait même être porté à huit si on le voulait, en mettant au manége quatre bras de levier de 4 ou 5 mètres à chacun desquels seraient attelés deux chevaux.

On comprend que dans ce cas, si l'épuisement devait durer longtemps, il serait préferable d'établir une machine à vapeur (1).

S'il vient de l'eau par les parois des puits, on cherchera à l'arrêter par des cuvelages si l'on craint que les couches inférieures soient détrempées par l'eau provenant des couches situées au-dessus (2).

Ventilateur. Il arrive fréquemment, lorsqu'on creuse la galerie avant que les diverses parties communiquent entre elles, que l'air manque à l'intérieur: dans ce cas on en donne avec des ventilateurs. Le ventilateur, qui ordinairement aspire l'air vicié, pourra être remplacé avec succès par le soufflet de forge à l'aide duquel on enverra de l'air dans la galerie au moyen de tuyaux en cuir ou en toile.

On ne peut dire *à priori* à quelle distance des puits l'air commence à manquer dans les galeries, cela varie beaucoup, même dans des terrains de nature semblable; quelquefois il arrive qu'à 25 mètres de distance les ouvriers respirent avec difficulté, tandis qu'à 60 mètres leur respiration n'est nullement gênée.

Il est inutile de conserver des puits dans les souterrains après l'achèvement des travaux, il est prouvé

---

(1) Les machines que l'on construit ordinairement à Paris sont à haute pression, à détente sans condensation; leur prix, pour des forces ne dépassant pas 20 chevaux, est d'environ 4,000 fr., plus 1,000 fr. par cheval; de sorte que n étant la force de la machine en chevaux, son prix est de 1,000 $(n + 4)$ fr., non compris la chaudière de rechange et les frais de pose, qui ne s'élèvent pas à moins de 1,000 fr. par machine (le monteur seul est au compte du mécanicien).

(2) Du béton d'une prompte prise, placé entre le blindage d'un puits et le terrain pour arrêter l'eau, forme ce que l'on nomme un cuvelage.

par expériences qu'ils ne donnent sensiblement ni air ni jour, et qu'ils ne sont que des causes d'accidents.

Les courants d'air s'établissent principalement par les deux têtes.

Nous donnons de l'autre part un tableau indiquant la dépense approximative et la durée de la construction de divers tunnels établis soit pour des chemins de fer, soit pour des canaux. Nous faisons remarquer que plusieurs d'entre eux ont une section plus faible que celles qui sont admises sur les chemins de fer à une ou à deux voies; nous les avons placés en tête du tableau.

Dépense approximative et durée de la

NOMS DES TUNNELS.	Dates des premiers travaux.	CANAL, *C.*, ou RAILWAY, *R.*	Longueur totale	Largeur à la naissance de la voûte.	Épaisseur de la voûte.	Profondeur maximum des puits.	Durée de l'exécution.		Dépense approximative par mètre.
			m.	m. c.	m. c.	m.	ans.	m.	fr.
Noirieu.	1822	C. Saint-Quentin.	12000	1 50	0 22	78	7	»	70 »
Rive de Gier.	1770	C. Givors.	506	1 60	. . . . .	35	3	»	130 »
Forcy.	1787	C. Centre.	1276	2 60	. . . . .	30	2	»	430 »
Hercastle.	1770	C. Grand-Trunk.	2600	2 70	. . . . .	59	7	»	» »
Soussey.	1826	C. Bourgogne.	3521	2 60	. . . . .	137	7	»	230 »
Terre-Noire.	1826	R. Lyon à Saint-Étienne.	1500	3 30	. . . . .	84	3	»	799 »
Charleroy.	1828	C. Charleroy.	1288	4 30	0 70	36	4	»	1,240 »
Cumptieh (1). . . .	1835	R. Louvain.	925	4 30	0 46	29	2	»	850 »
Hercastle.	1825	C. Grand-Trunk.	2630	4 20	0 45	57	4	2	990 »
Sapperton.	1783	C. Thames et Severn	3830	4 50	. . . . .	75	6	»	» »
Blisworth.	1798	C. de Grande-Jonction.	2820	4 80	. . . . .	18	7	»	430 »
Braine-le-Comte. . .	. . . .	R. Belge.	641	5 00	. . . . .	»	»	»	1,200 »
Saint-Aignan. . . .	1822	C. Ardennes.	262	6 »	0 50	45	»	»	1,070 »
Poully.	1824	C. Bourgogne.	3350	6 20	0 65	50	8	»	2,000 »
Han.	1838	C. Canalisation de la Meuse.	554	6 40	. . . . .	32	2	10	954 »
Revin.	1838	*Idem.*	213	6 40	. . . . .	30	2	5	1,180 »
Boratte.	. . . .	R. Rhénan en Belgique.	. . . .	7 24	. . . . .	. . . .	. . . .		1,700 »

(1) Le tunnel de Cumptich, construit pour une seule voie, fut commencé en août 1835 et terminé deux ans plus tard. L'épaisseur de la voûte et des pieds-droits est de 46 centimètres, celle du radier de 23 centimètres. La maçonnerie a été faite en trois rouleaux : le premier d'une brique en boutisse, les deux autres chacun d'une demi-brique. La galerie traverse un sol difficile, composé de sable boulant et de glaise. Lorsque le chemin de fer fut livré à la circulation, le besoin d'une deuxième voie se fit sentir, et il fut décidé que pour lui donner passage on construirait un nouveau tunnel parallèle au premier, mais ayant une ouverture plus grande. Les deux tunnels devaient être séparés par un pied-droit commun de 1 m. 50 c. d'épaisseur. Le deuxième souterrain fut commencé le 22 juillet 1842, et le 25 janv. 1845, époque à laquelle les travaux n'étaient point terminés, les deux tunnels s'écroulèrent sur 30 mètres de longueur à 180 mètres de leur origine. La hauteur des terres au point de l'écroulement se trouvait de 10 à 12 mètres au-dessus de l'extrados de la clef. Cet événement, qui força de suspendre le service du railway et qui aurait pu faire de nombreuses victimes s'i

construction de quelques tunnels.

NATURE DU TERRAIN.	OBSERVATIONS.
Craie tendre et dure, eau.	. . . .
Poudingue, grès, houille.	. . . .
Gros blocs de grès.	. . . .
Roc, grès, houille, sable, etc.	. . . .
Marne schisteuse, peu d'eau.	Percé à l'aide de 20 puits espacés de 40 à 400 mètres.
Schiste et grès houillers.	. . . .
Glaise, sable boulant, eau.	La voûte a un peu cédé à la pression.
Sable boulant et argile, eau.	Le tunnel s'est écroulé le 21 janvier 1845, sur 30 m. de longueur, à 180 m. de son origine.
Roc, sable, grès houillers, etc.	. . . .
Roc généralement très-dur.	. . . .
. . . .	. . . .
. . . .	Construits dans un sol difficile et revêtu de maçonnerie de brique, même au radier.
Calcaire bleu coquillier.	. . . .
Marnes schisteuses, calcaire à gryphées, peu d'eau.	Établi à l'aide de 32 puits placés à droite et à gauche de l'axe.
Calcaire d'un grain grossier, gris bleuâtre (terrain dévonien) sans eau.	Non revêtu en maçonnerie. Établi à l'aide de 7 puits.
Roche schisteuse et feuilletée avec rognons de quartz.	Non revêtu en maçonnerie.
. . . .	. . . .

était survenu au moment du passage d'un train, produisit une grande sensation dans le pays. Une enquête fut ordonnée par le gouvernement belge pour connaître les motifs du sinistre.

La commission d'enquête parlementaire attribue l'éboulement aux causes suivantes :

1° Emploi de chaux non hydraulique ;
2° Emploi de mortier dépourvu de ciment (brique pilée) ;
3° Construction de la voûte et des pieds-droits par rouleaux séparés ;
4° Construction du second souterrain à 1 mètre 50 centimètres de l'autre ;
5° Construction du second souterrain avec des dimensions différentes ;
6° Construction du second souterrain sans interruption de service dans le premier ;
7° Construction de la voûte du deuxième tunnel sur une grande longeur et indépendamment des pieds-droits.

NOMS DES TUNNELS.	Dates des premiers travaux.	CANAL, *C.*, ou RAILWAY, *R*.	Longueur totale.	Largeur à la naissance de la voûte.	Épaisseur de la voûte.	Profondeur maximum des puits.	Durée de l'exécution.	Dépense approximative par mètre.
			m.	m. c.	m. c.	m.	ans. m.	fr.
KILSBY.	1834	R. Londres à Bir-mingham.	2204	7 30	. . . .	50	4 »	3,410 »
BLECKINGLEY.	1840	R. Londres à Dou-vres.	1210	7 32	0 75	28	2 »	1,992 »
SALTWOOD.	1842	*Idem.*	872	7 32	0 80	29	» »	3,664 »
COLANCELLE.			750				1 3	2,000 »
WHITE-HALL.		R. Exeter.						1,451 »
GREAT-WESTERN.		R. Great-Western.						2,709 »
CHELTENHAM.								924 »
BOX.			2850				4 »	2,500 »
BATIGNOLLES.	1837	R. St-Germain.	333	7 40	0 90	18	1 6	2,380 »
MONTRETOUT.	1838	R. Versailles.	168	7 40	0 90	10	1 1	2,071 »
SAINT-CLOUD.	1837	R. Versailles.	504	7 40	1 35	. . . .	1 3	2,180 »
DIX-HUIT TUNNELS.		R. Liége à Aix-la-Chapelle.	. . .	7 50				1,250 »
ROLLEBOISE.	1841	R. Rouen.	2642	7 60	0 45	87	2 »	1,105 »
ROULE.	1841	*Id.*	1720	7 60	0 45	55	1 8	1,105 »
VENABLES.	1841	*Id.*	265	7 60	0 45	30	1 8	1,105 »
TOURVILLE.	1841	*Id.*	465	7 60	0 45	32	1 6	1,105 »
RIQUEVAL.	1803	C. Saint-Quentin.	5675	8 00	0 36	64	7 »	700 »

NATURE DU TERRAIN.	OBSERVATIONS.
Terre, sable, beaucoup d'eau.........	....
Argile bleue wealdienne, très-dure, sable ec beaucoup d'eau.............	L'épaisseur de la voûte varie de 0 m. 57 à 0 m. 92. Le radier est revêtu en maçonnerie. Ce tunnel a été construit à l'aide de 12 puits.
Sable vert, beaucoup d'eau.........	L'épaisseur de la voûte varie de 0 m. 68 à 0 m. 92. Le radier est revêtu en maçonnerie. Ce tunnel a été construit à l'aide de 12 puits.
....	
....	
....	La largeur de chacun de ces tunnels est comprise entre 6 et 8 mètres.
....	
Gypse, sable, marne, sans eau........	Il y a sur l'extrados une chape en mortier, une chape en bitume recouverte d'une couche de cailloux et de la maçonnerie de pierre sèche qui ne sont pas comprises dans l'épaisseur de 0 m. 90. Lors de la construction du chemin de fer de Versailles, un deuxième tunnel a été construit parallèlement au premier. Un pied-droit commun sépare les deux souterrains. Il a 1 m. 40 d'épaisseur.
Marne, grès, sable boulant, peu d'eau....	Il y a sur l'extrados une chape en mortier, une chape en bitume recouverte d'une couche de cailloux et de la maçonnerie de pierre sèche qui ne sont pas comprises dans l'épaisseur de 0 m. 90.
Marne verte, gypse, eau...........	L'épaisseur minimum est de 0 m. 90.
....	Revêtus de une à quatre épaisseurs de brique.
Craie dure et silex, peu d'eau........	L'épaisseur de la voûte est, dans quelques points, plus considérable par suite d'éboulements. Fait à l'entreprise à forfait, non revêtu en maçonnerie sur 680 mètres de long.
Craie dure et silex, peu d'eau........	L'épaisseur de la voûte est, dans quelques points, plus considérable par suite d'éboulements. Fait à l'entreprise.
Peu d'eau, craie, argile et silex........	.... id. ....
.... id.	.... id. ....
Craie tendre et dure, beaucoup d'eau....	Construit d'abord sans revêtement en maçonnerie, il a été revêtu par la suite sur la moitié de sa longueur. Établi à l'aide de 54 puits à 100 mètres d'intervalle et sur l'axe.

NOMS DES TUNNELS.	Dates des premiers travaux.	CANAL, *C.*, ou RAILWAY, *R.*	Longueur totale.	Largeur à la naissance de la voûte.	Épaisseur de la voûte.	Profondeur maximum des puits.	Durée de l'exécution.	Dépense approximative par mètre.
			m.	m. c.	m. c.	m.	ans. m.	fr.
Tronquoy.	1803	C. Saint-Quentin.	1103	8 00	0 36	50	. . . .	770 »
Thames et Medway.	1822	C. Thames et Med-way.	3620	9 00	. . . . .	59	. . . .	800 »
Foug.	1839	C. Marne au Rhin.	868	8 00	0 80 à 1 80	61	3 10	1,560 »
Liverdun.	1839	. . . . *Id.*	380	8 00	0 50 à 1 20	33	4 9	1,600 »
Arschwiller.	1839	. . . . *Id.*	2250	8 00	0 90	65	6 »	part. non revêtue. 900 » partie revêtue. 1,500 »
Arschwiller.	1840	. . . . *Id.*	410	8 00	1 00	28	3 9	de 1300 à 1400 f.
Mauvages.	1840	. . . . *Id.*	4800	7 80	0 50	120	6 » non terminé.	de 1,550 à 1,700 f.
Sainte-Catherine. .	1844	R. du Havre.	1050	7 62	0 45	131	. . . . .	de 1,000 à 1,200 f.
Rue percée.	. . . .	. . . . *Id.*	80	7 62	0 45	16	. . . . .	*Id.*
Boulingrin.	. . . .	. . . . *Id.*	1460	7 62	0 45	21	. . . . .	*Id.*
Cimetière st-maur.	. . . .	. . . . *Id.*	1134	7 62	0 45	27	. . . . .	*Id.*
Mont-riboudet. . . .	. . . .	. . . . *Id.*	360	7 62	0 45	26	. . . . .	*Id.*
Pissy-poville. . . .	. . . .	. . . . *Id.*	2200	7 62	0 45	66	. . . . .	*Id.*
Pissy-poville. . . .	. . . .	. . . . *Id.*	200	7 62	0 45	28	. . . . .	*Id.*
Le banage.	. . . .	. . . . *Id.*	160	7 62	0 45	p. de puits	. . . . .	*Id.*

NATURE DU TERRAIN.	OBSERVATIONS.
Craie fendillée, sans eau.	Revêtu sur quelques points dans le principe et plus tard sur toute la longueur.
Craie tendre et dure.	Attaqué par 12 puits espacés de 180 à 540 mètres.
Marnes et calcaires de l'Oxford-Clay, formation oolithique. terrain jurassique, une très-grande quantité d'eau.	La voûte a été faite en 30 mois. — Terrain très-dur et ne pouvant être attaqué que par la poudre. Les bancs supérieurs très-rompus et ne se soutenant qu'à force d'étais sur toute la partie d'amont.
Calcaire oolithique très-disloqué, point de passage de l'oolithe au lias, pas d'eau.	La voûte a été finie en 19 mois, il y a eu ensuite 15 mois d'interruption. Le sable était extrait aux abords du souterrain, le moellon provenait des déblais.
Beaucoup d'eau, mais qui a fini par se perdre dans des fissures du terrain. Grès vosgien et grès bigarré.	Sur 1900 mètres le tunnel n'est pas revêtu en maçonnerie, le moellon et la pierre ont été pris sur place.
Même terrain.	Chape sur toute la voûte.
Marnes du Kimeridge-Clay, résistantes, mais se travaillant facilement. — Beaucoup d'eau dans les puits, peu d'eau à l'extrados de la voûte.	La voûte a été entièrement terminée après 5 ans de travail, en 1845. Il y avait 22 puits projetés, 17 seulement ont été creusés et 13 ont servi constamment.
Craie glauconnieuse, mélangée de bancs siliceux et de rognons de silex, beaucoup d'eau.	En courbe de 750 mètres de rayon sur la moitié de la longueur, construit. ainsi que les sept suivants, à l'entreprise, à raison de 889 fr., non compris les dépenses imprévues provenant des éboulements, des augmentations d'épaisseur des maçonneries, des épuisements et travaux pour l'écoulement des eaux, etc.
Même terrain, peu d'eau. . . . . '. .	En courbe de 950 de rayon et en rampe de 0,0055.
. . . . id.	En courbe de 1600 de rayon sur 500 m. de long et en rampe de 0,00535.
. . . . id	En rampe de 0,00535.
. . . . id.	En courbe de 800 de rayon et en rampe de 0,0053.
. . . . id.	En rampe de 0,005.
. . . . id.	En courbe de 1,200 mètres de rayon et en rampe de 0,005.
. . . . id	En courbe de 1000 m. de rayon et en rampe de 0,0055.

FIN.

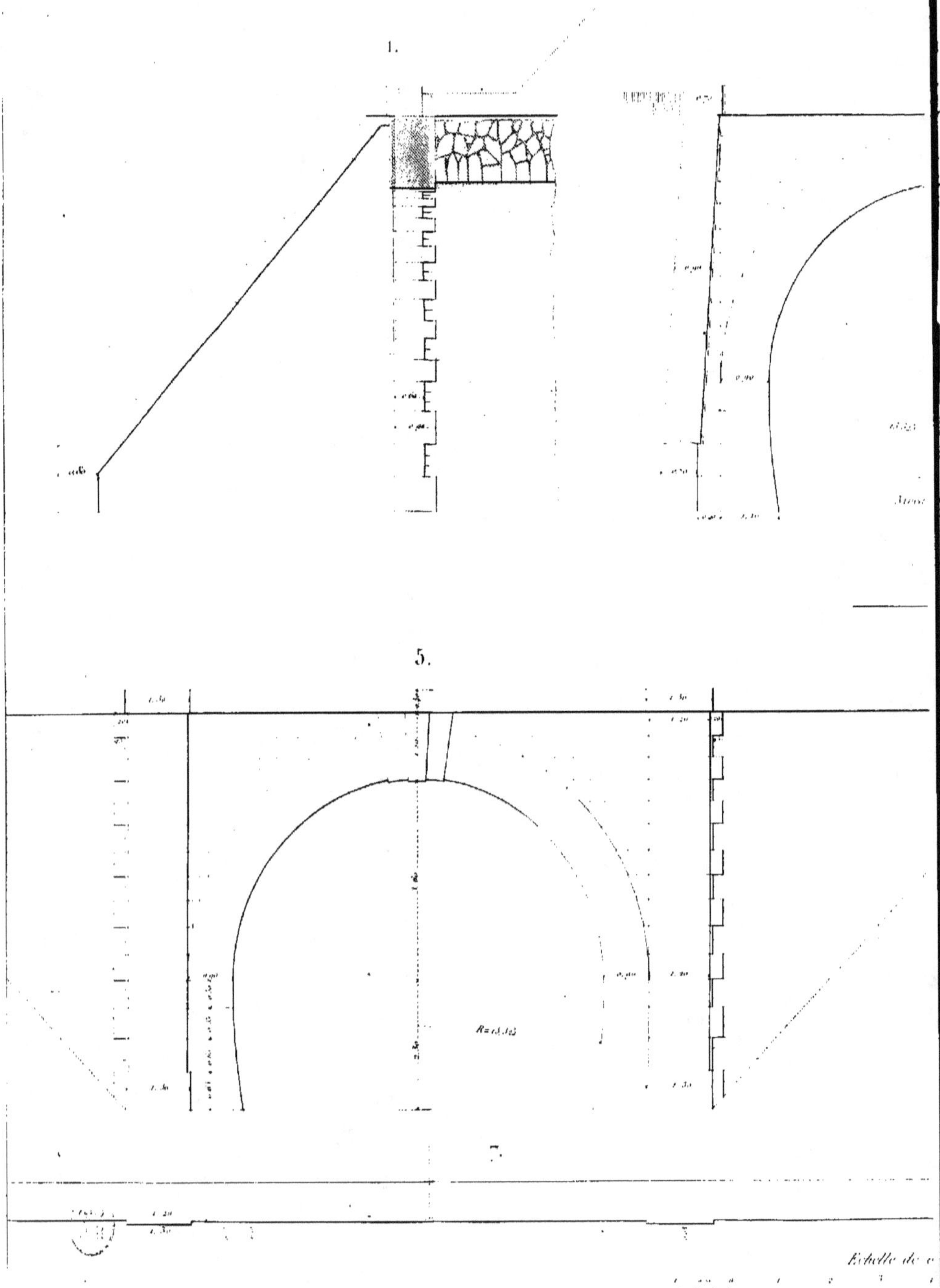

1.

5.

$R = ...$

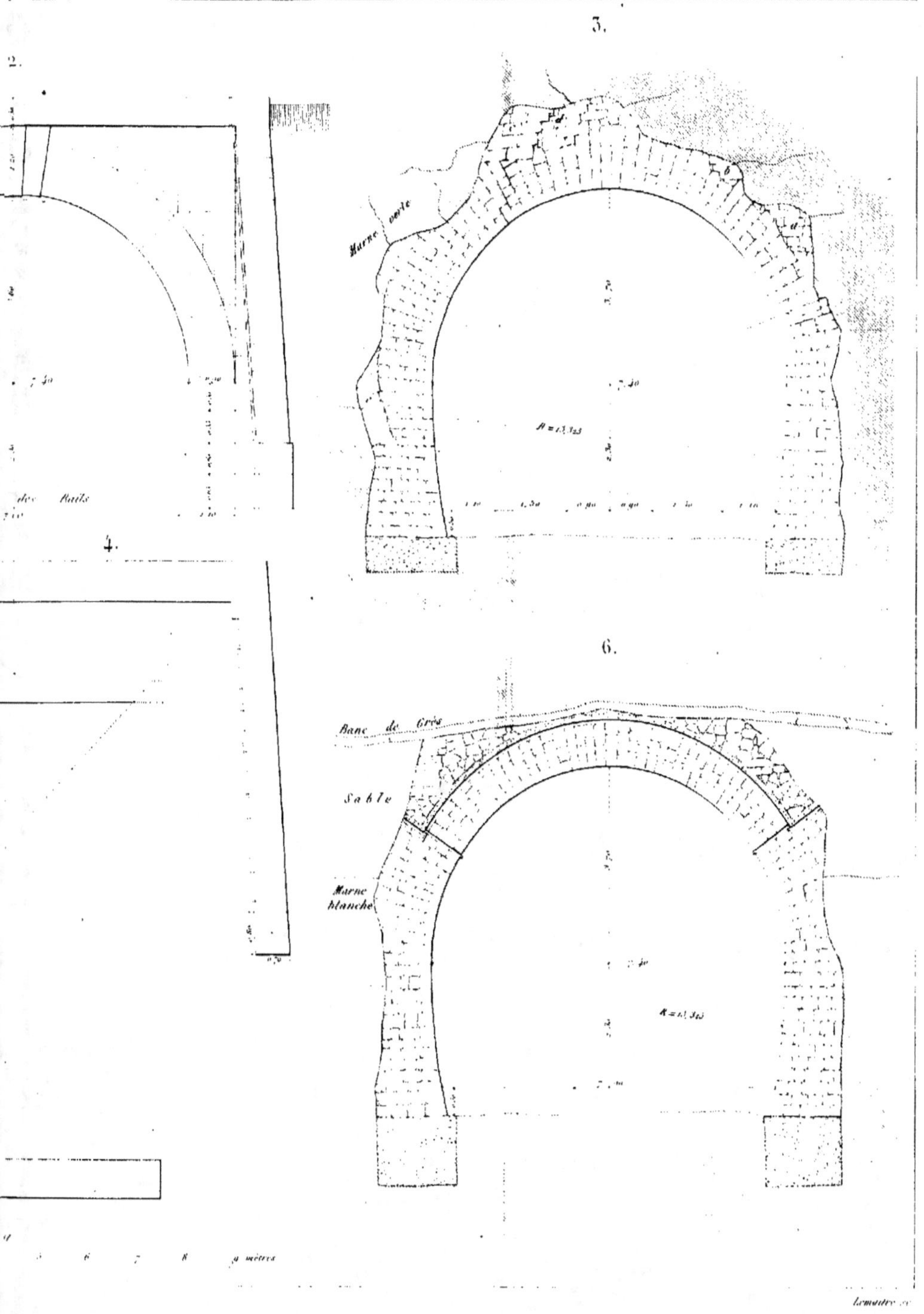
3.
2.
4.
6.
Marne verte
des Rails
Banc de Grès
Sable
Marne blanche
Lemaître sc.

8.

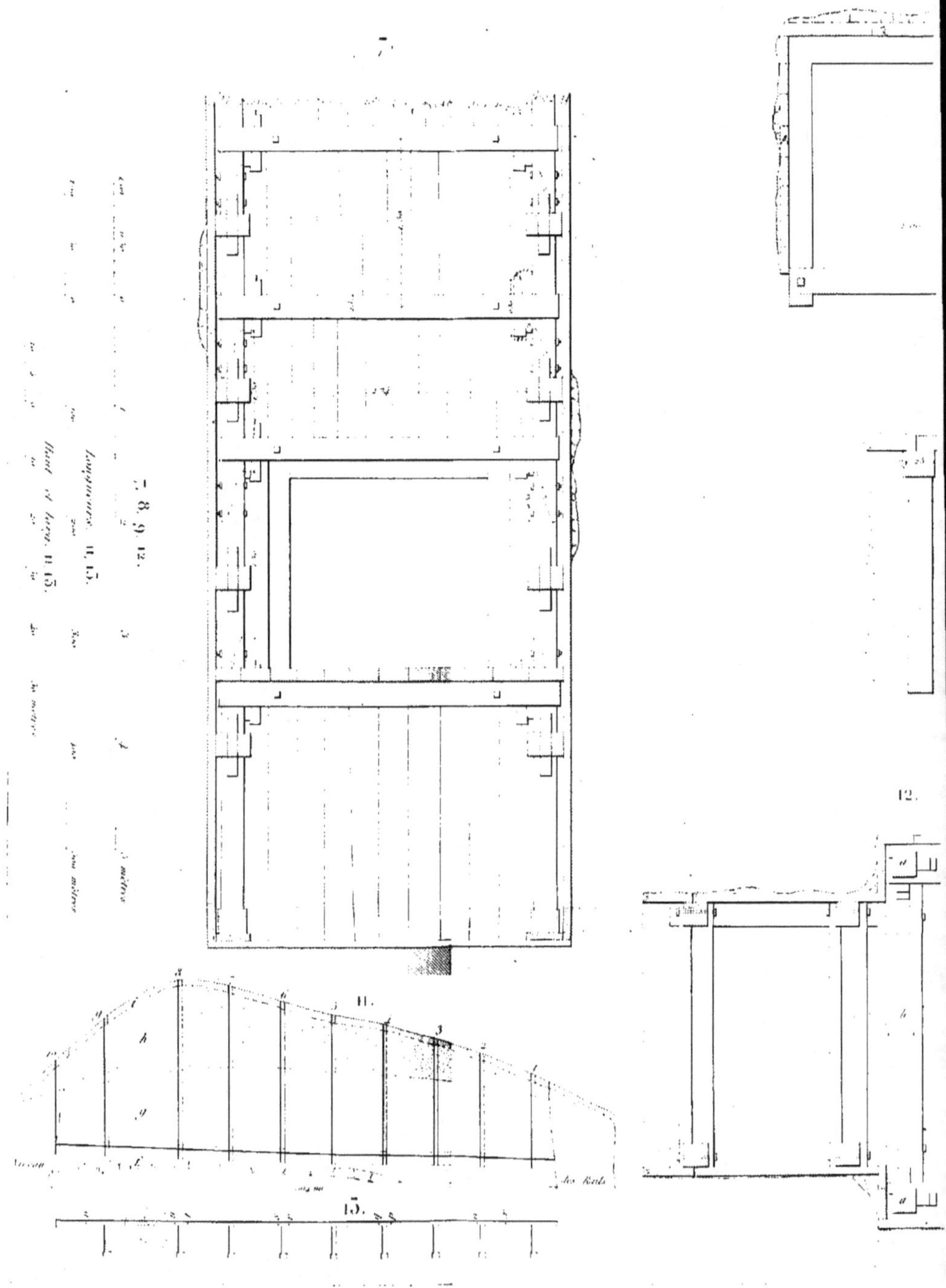

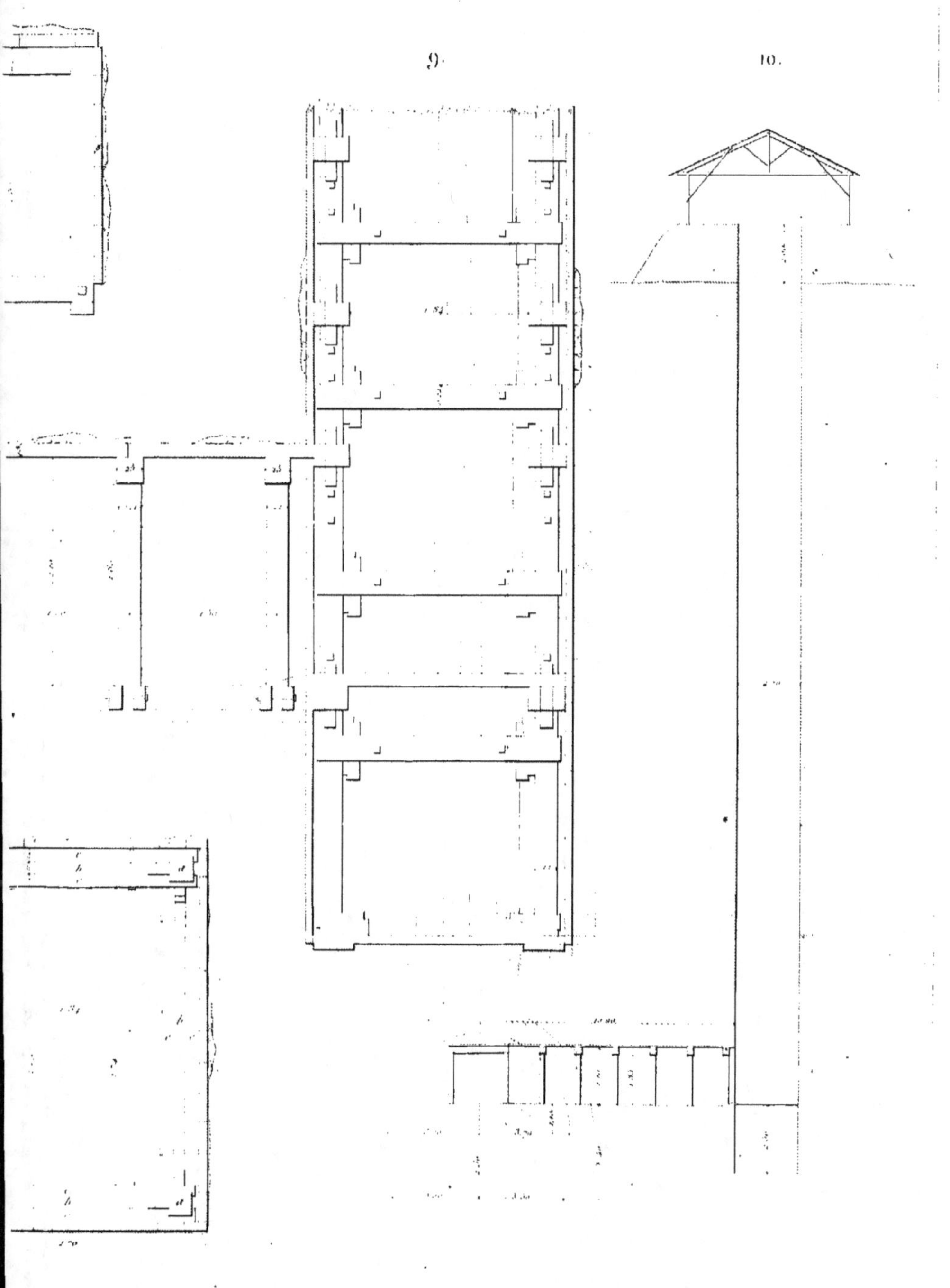
9.
10.

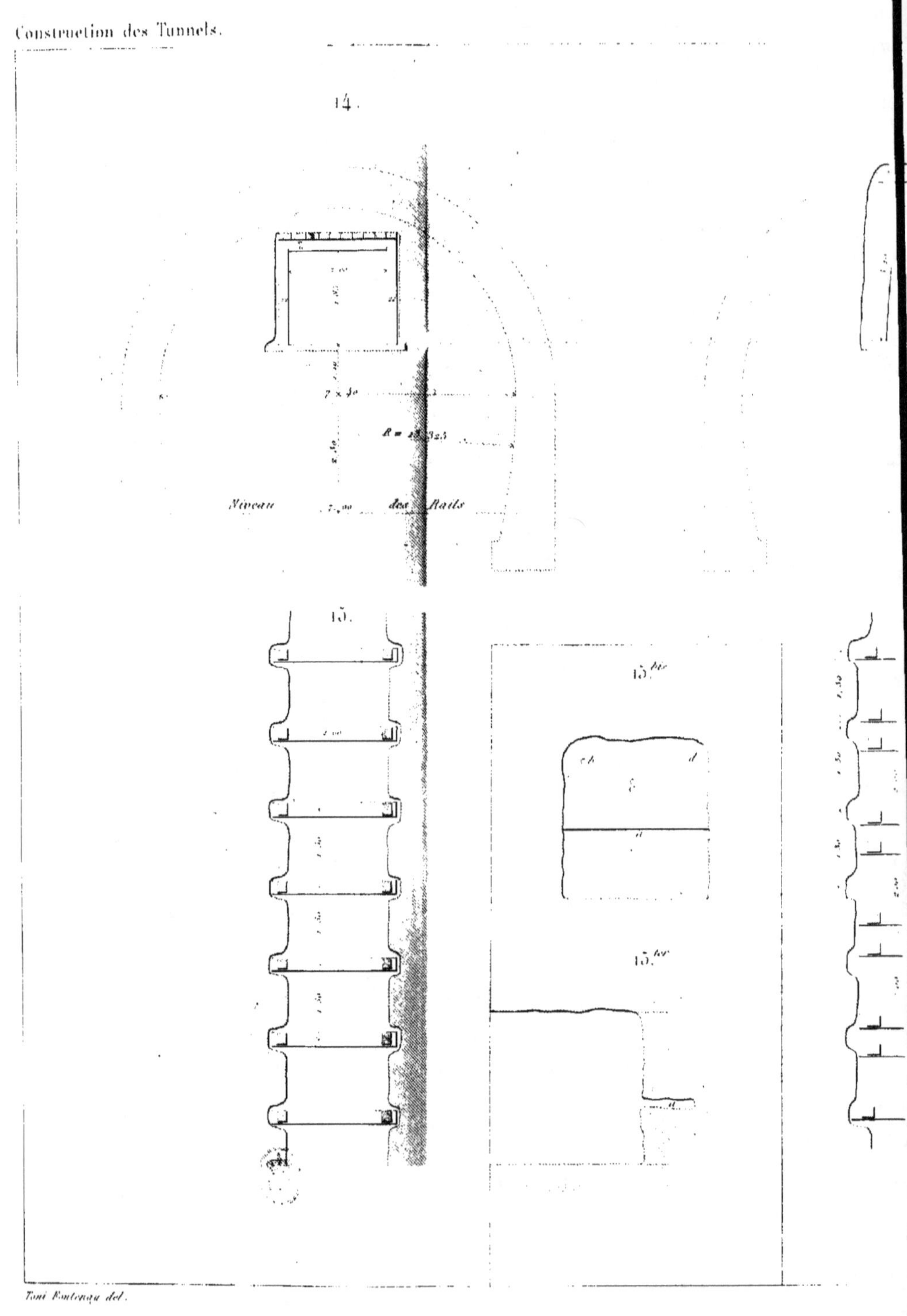

14.
Niveau des Rails
R =
Toni Entenau del.
15.
15.bis
15.ter

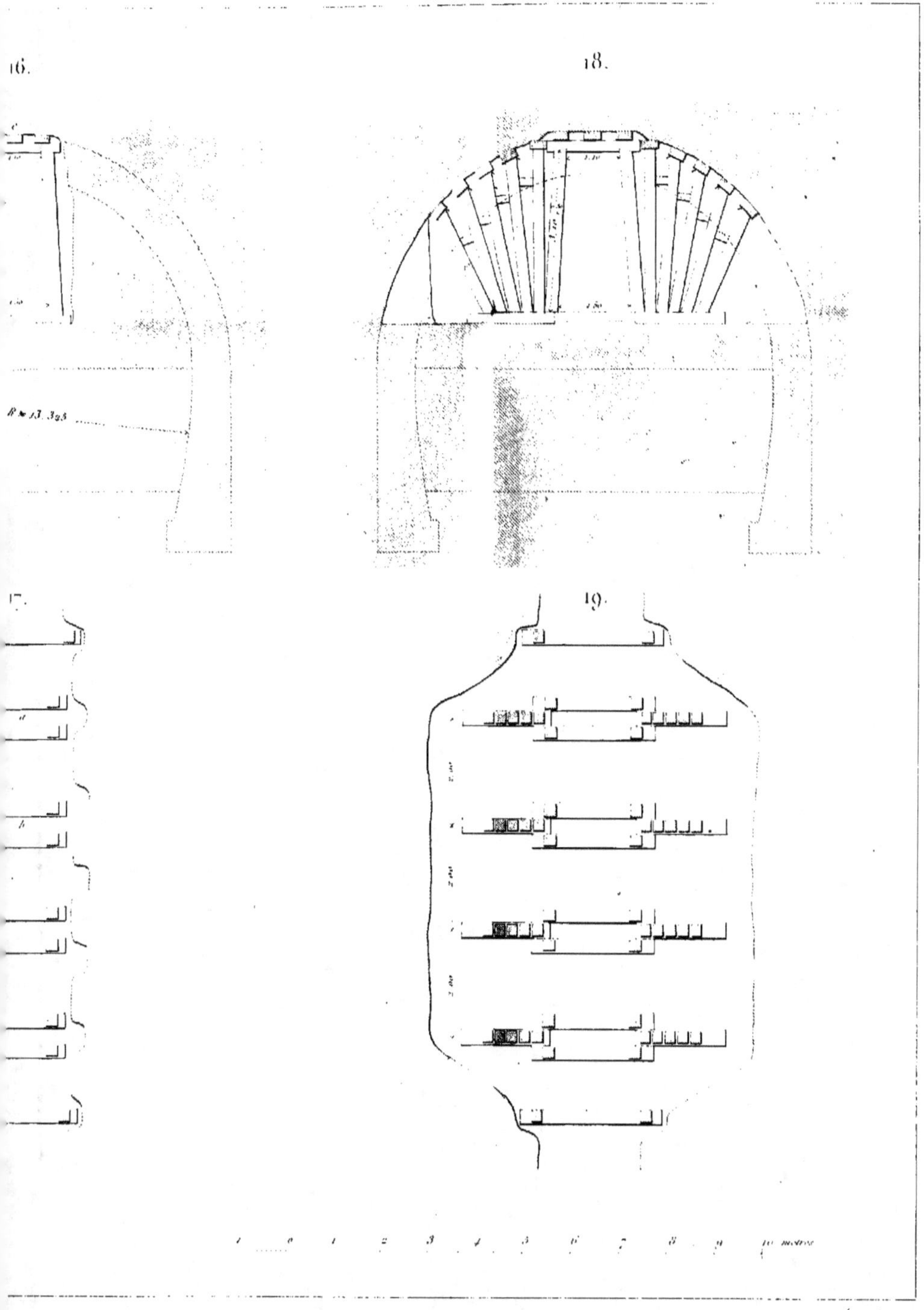

16.
18.
17.
19.
R = 13.325

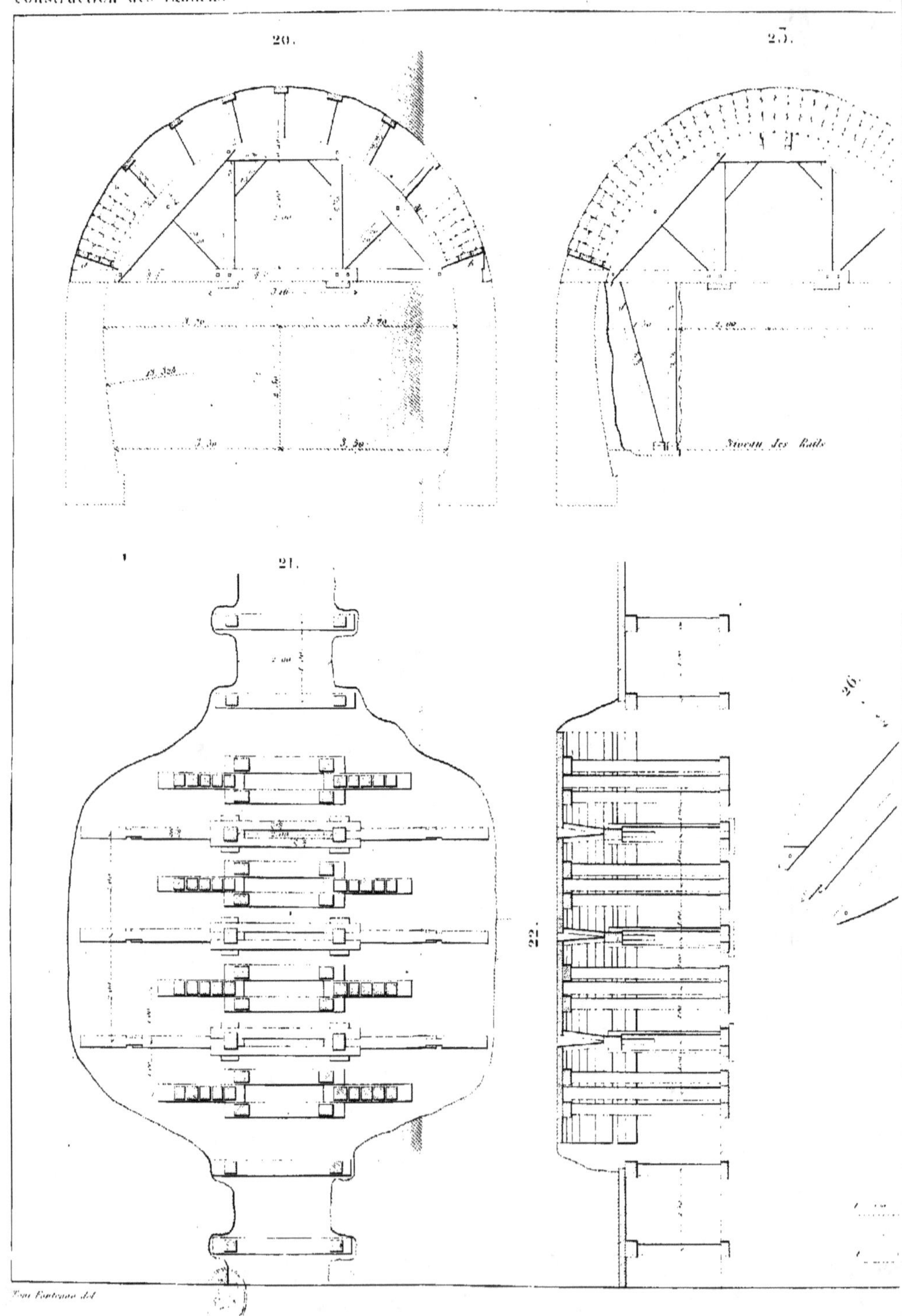
20.
25.
21.
22.
26.
Niveau des Rails

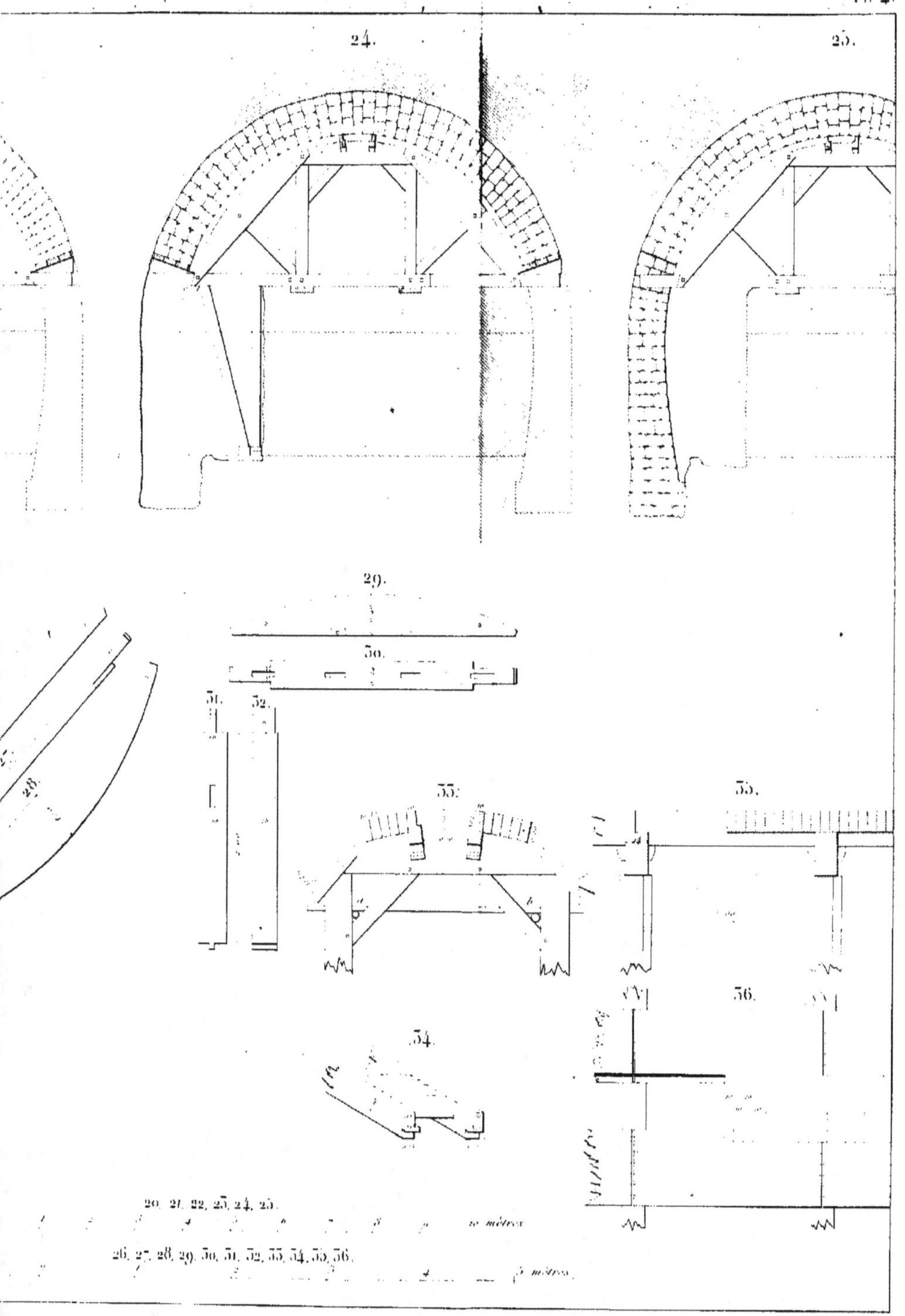
24.
25.
29.
30.
31.
32.
33.
35.
34.
36.
28.
26. 27. 28. 29. 30. 31. 32. 33. 34. 35. 36.
20. 21. 22. 23. 24. 25.
10 mètres
5 mètres

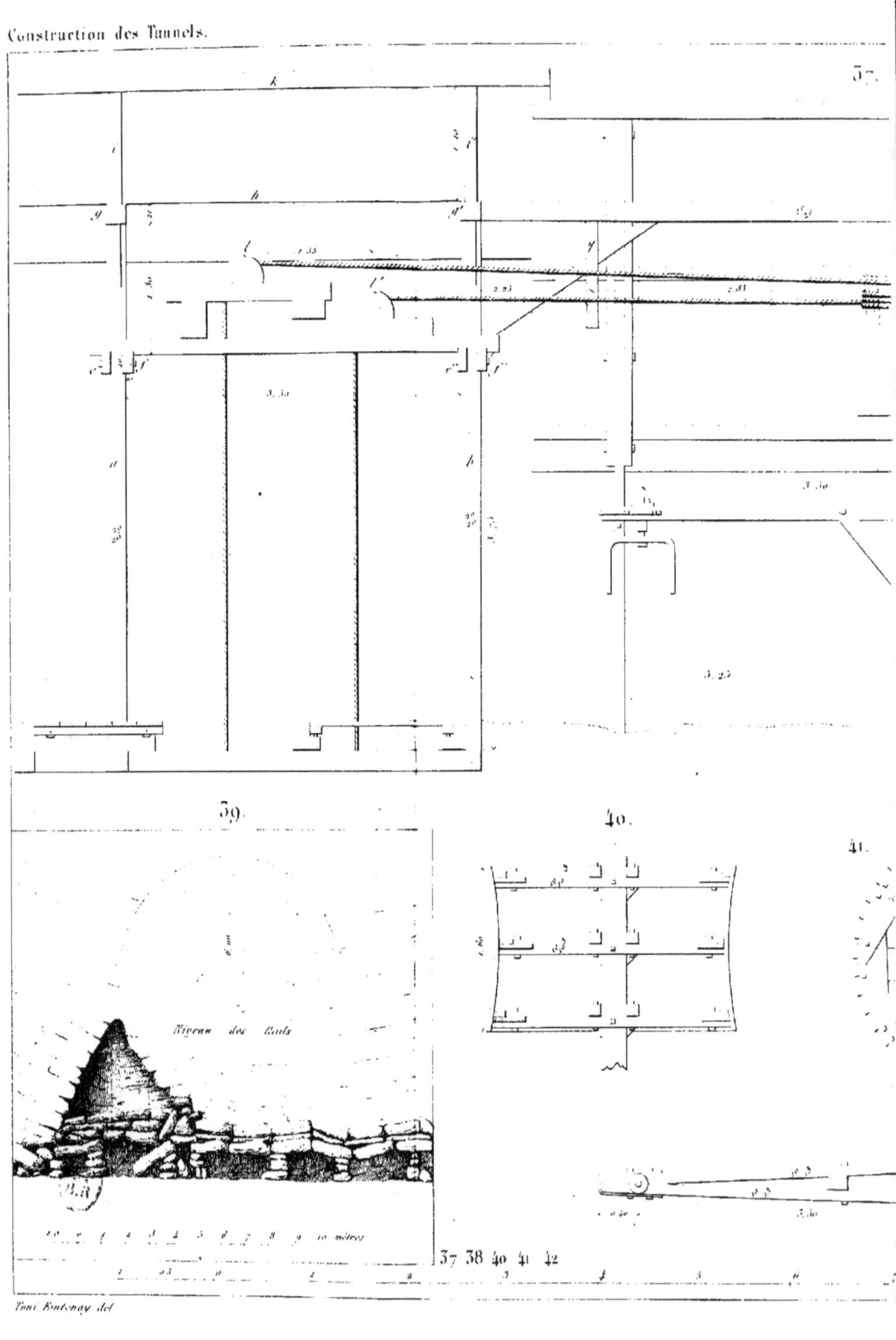
Niveau des Rails
39.
40.
41.
10 mètres
37 38 40 41 42
Toni Fontenay del

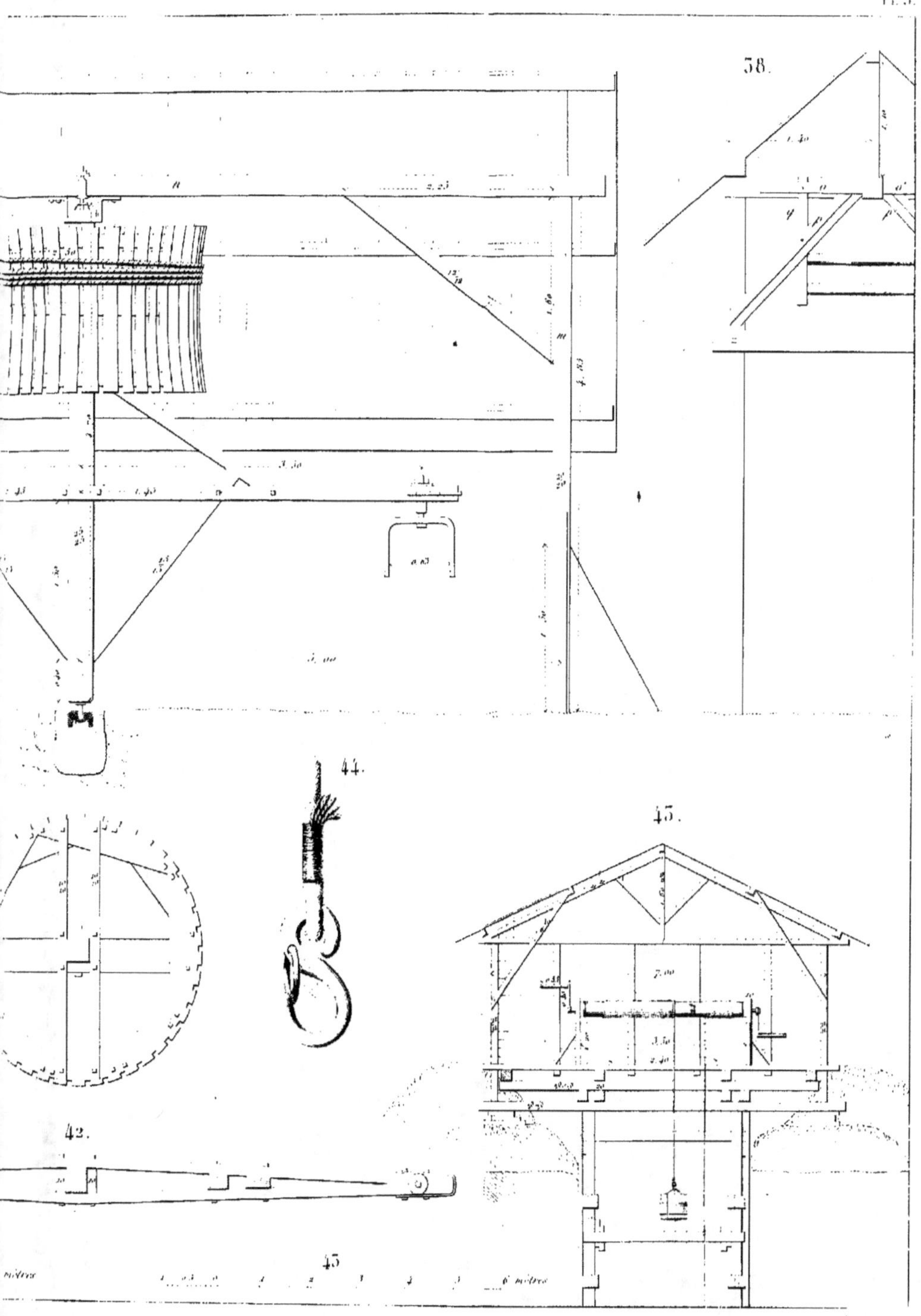

58.
44.
45.
42.
43.
mètres
6 mètres
Lemaître sc.

45.

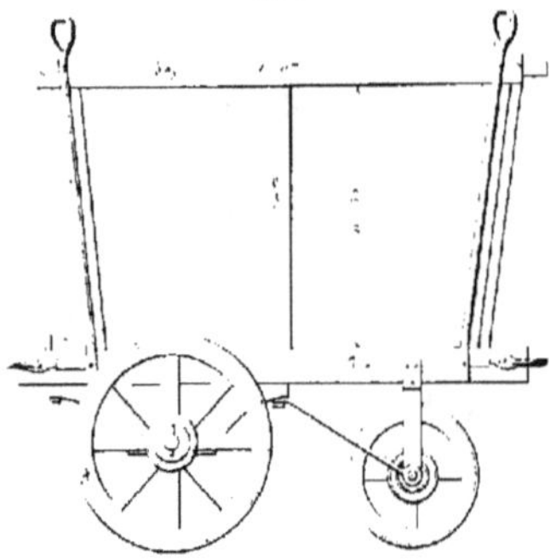

46.

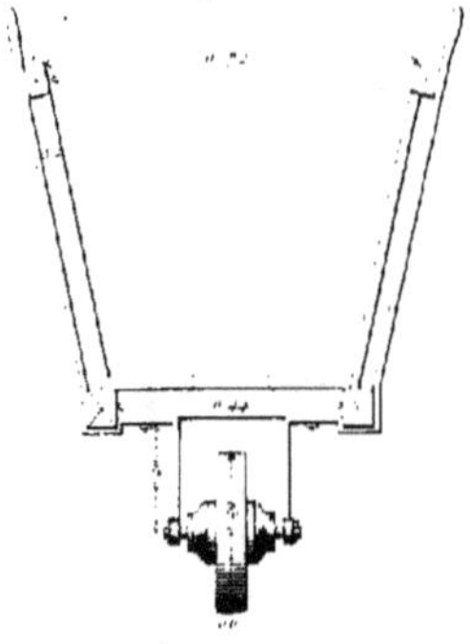

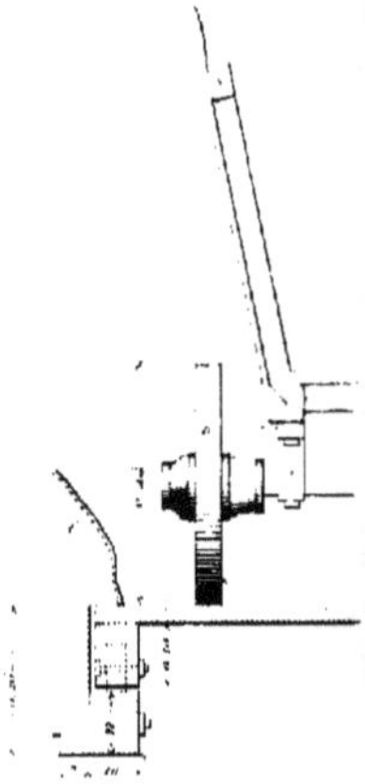

50.

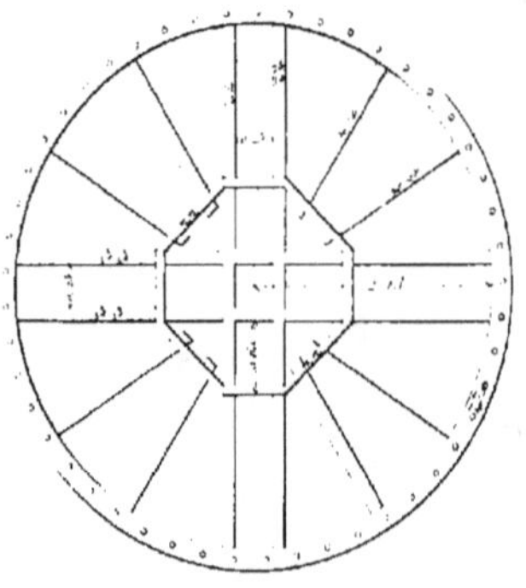

51.

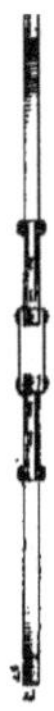

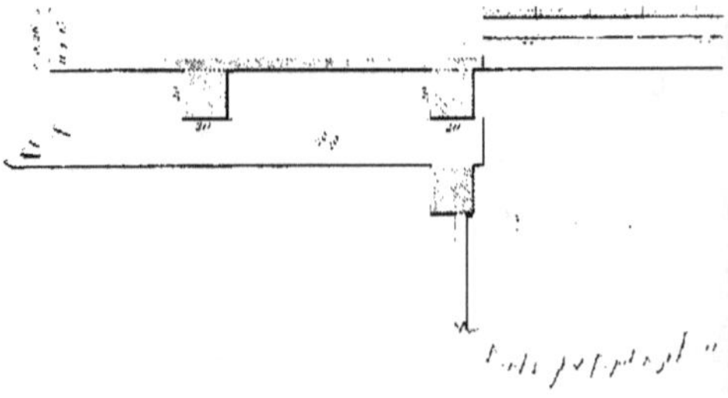

54.

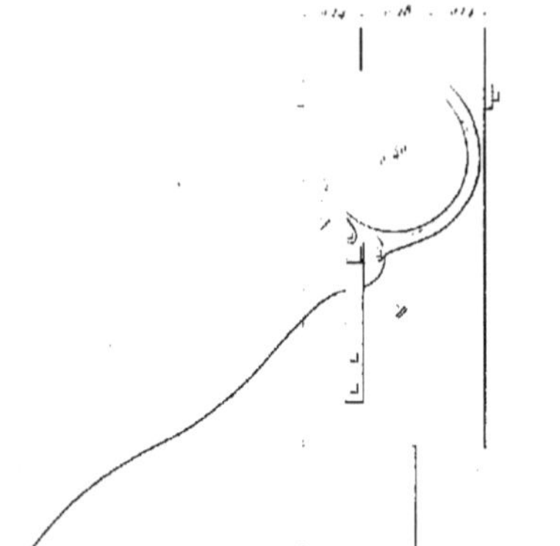

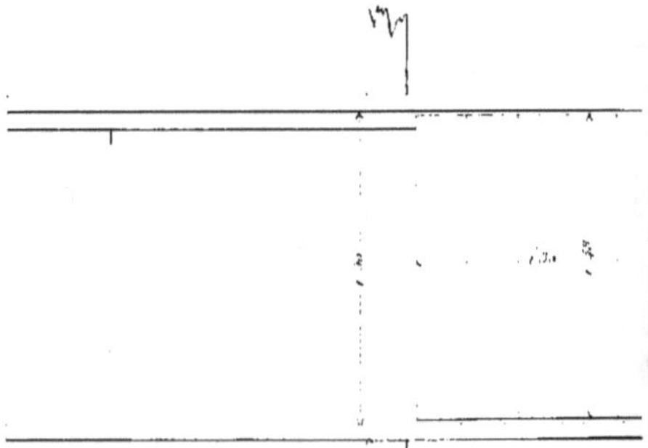

45. 46. 47. 48. 49. 54. 56.

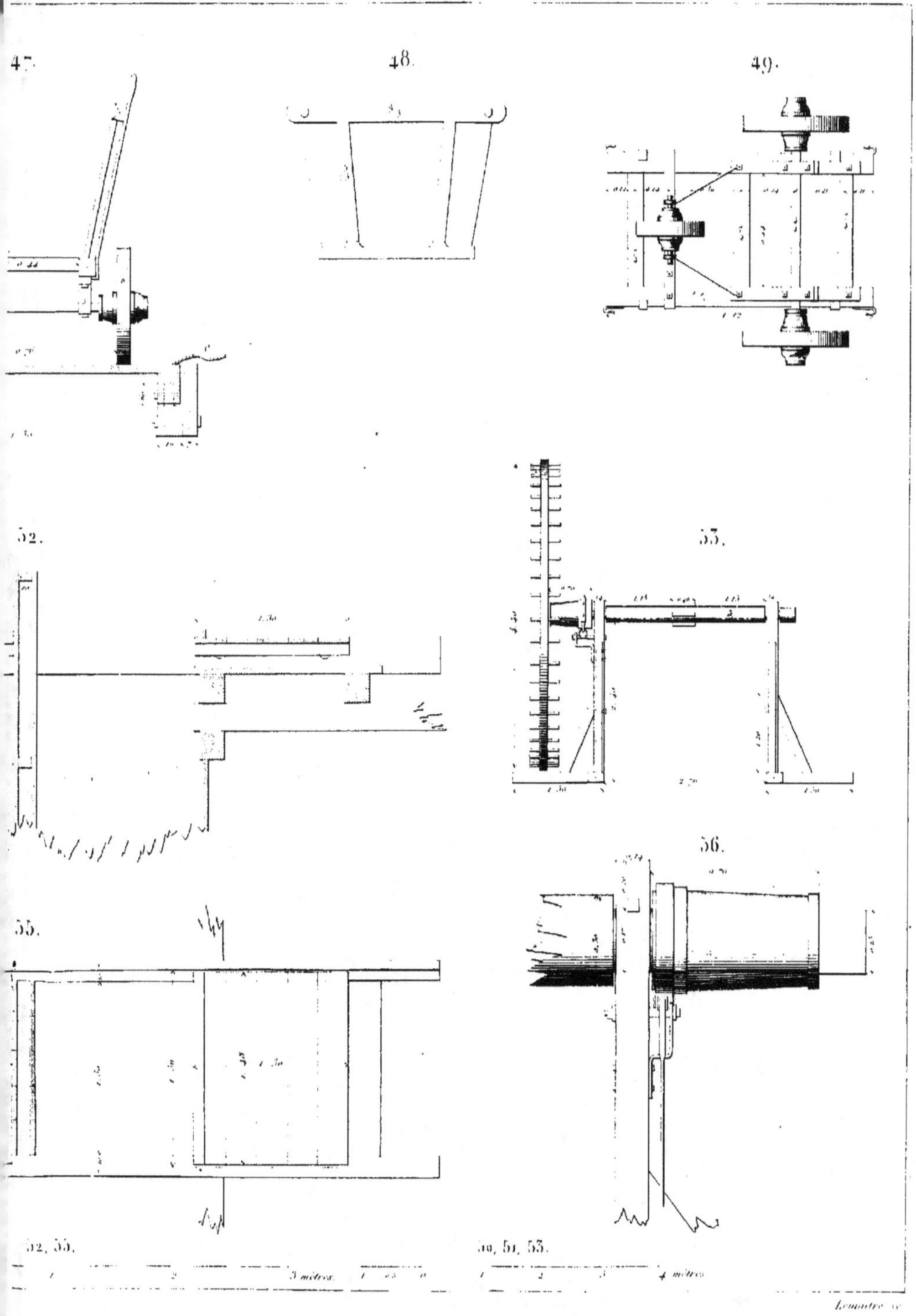
47.
48.
49.
52.
53.
55.
56.
52, 55.
50, 51, 53.
3 mètres
4 mètres
Lemaitre

57.

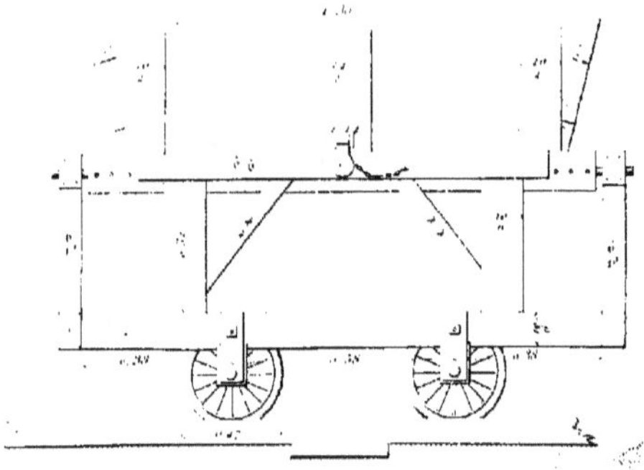

58.

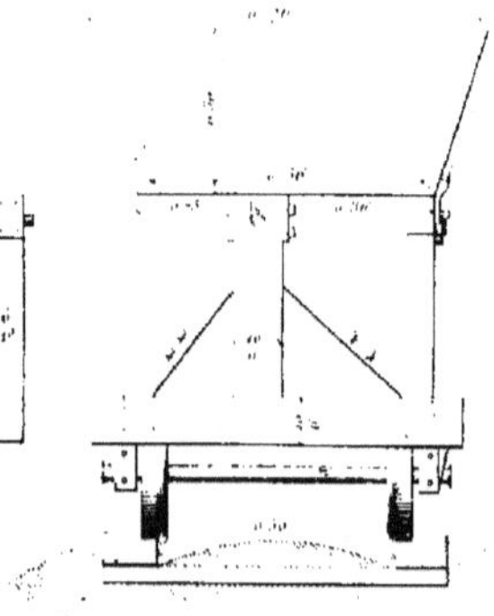

62.

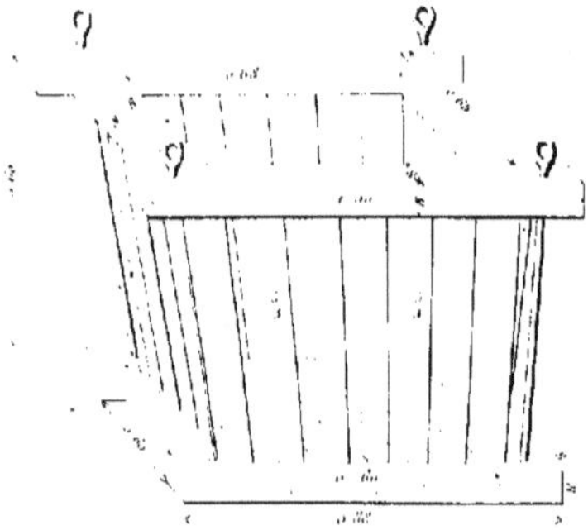

63.

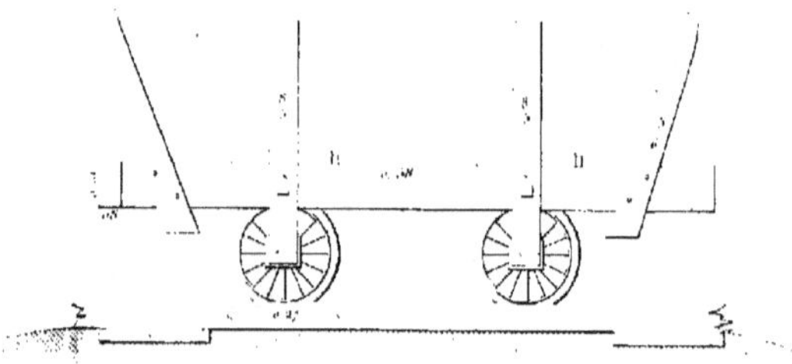

65.

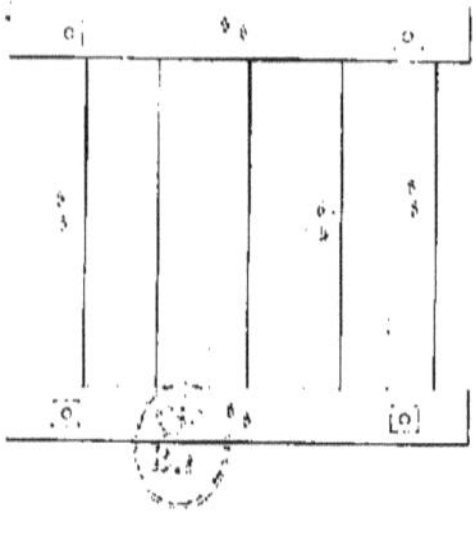

66.

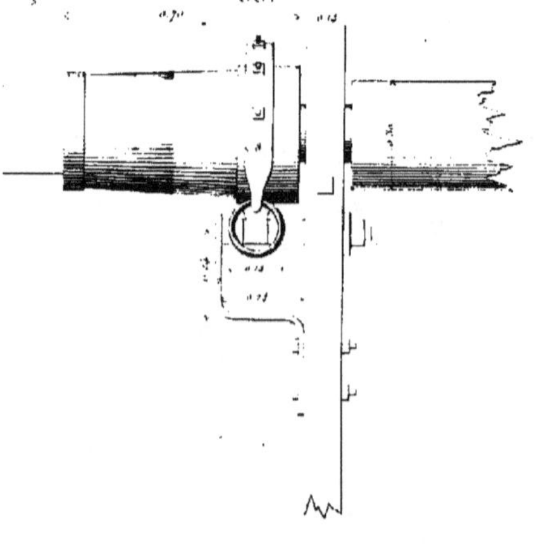

67.

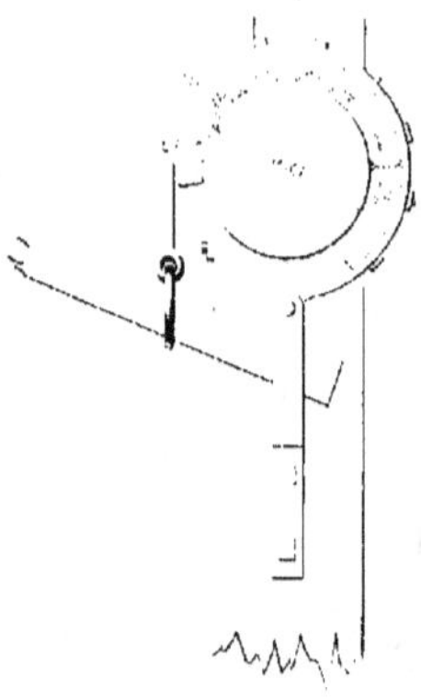

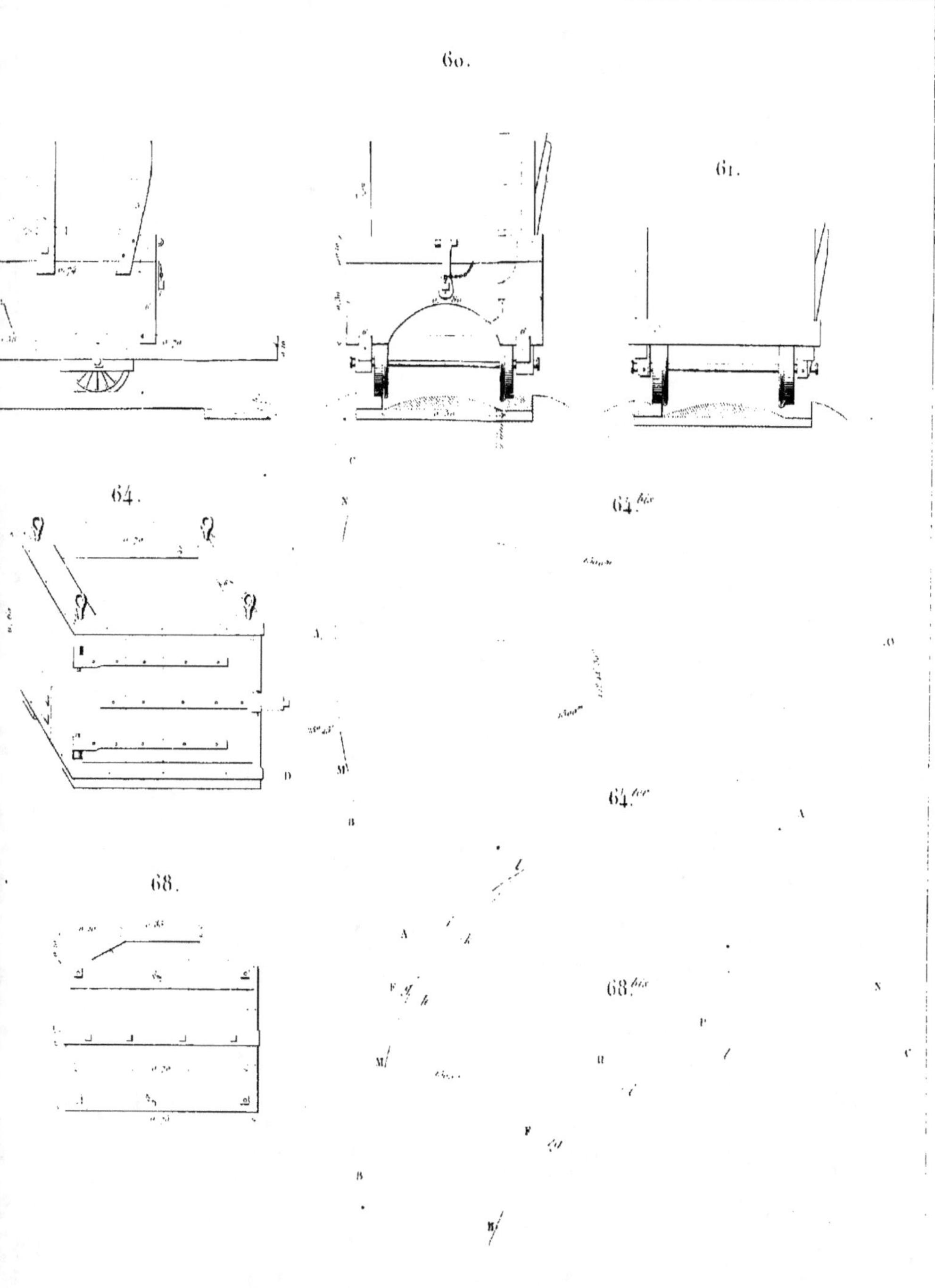

60.

61.

64.

64.bis

64.ter

68.

68.bis

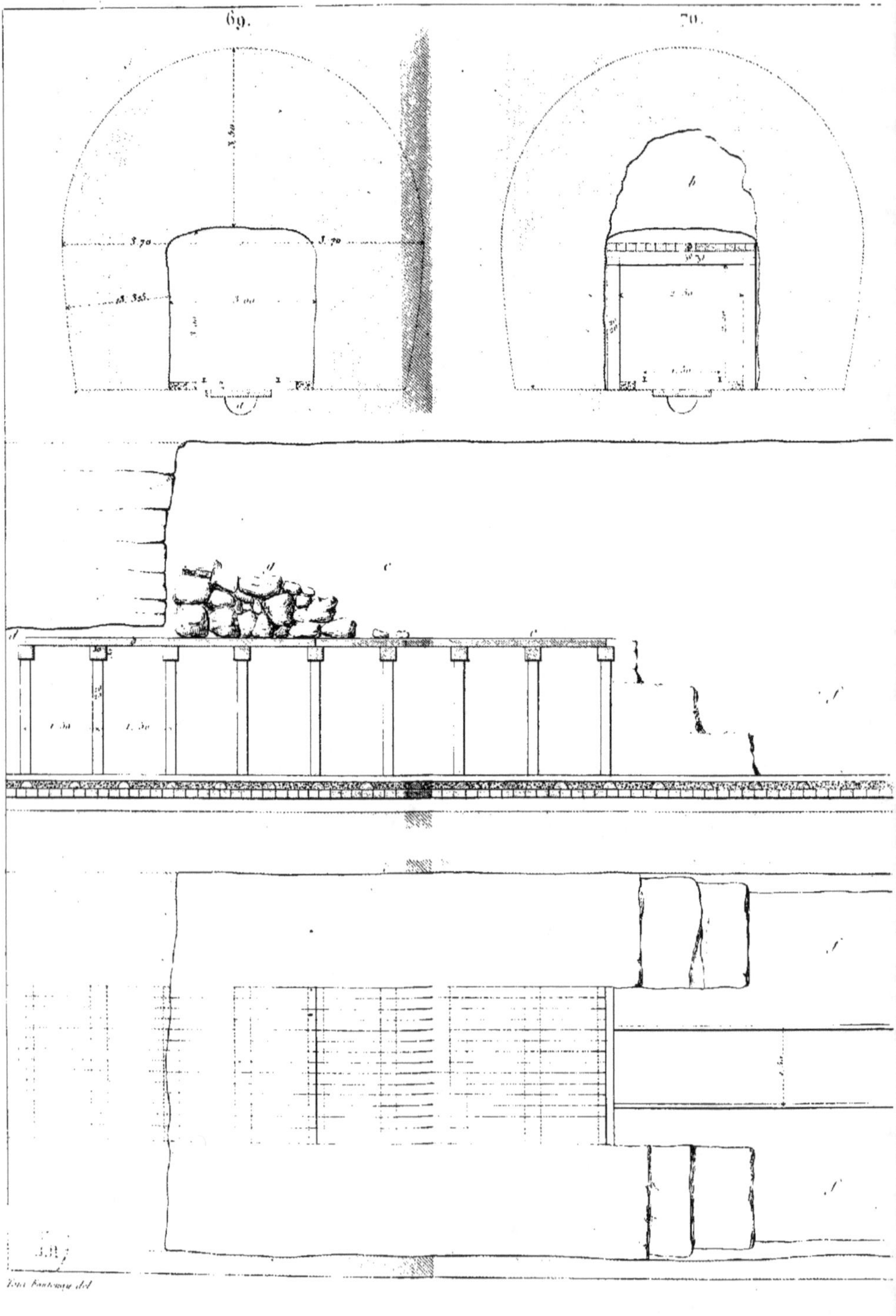

69.
70.

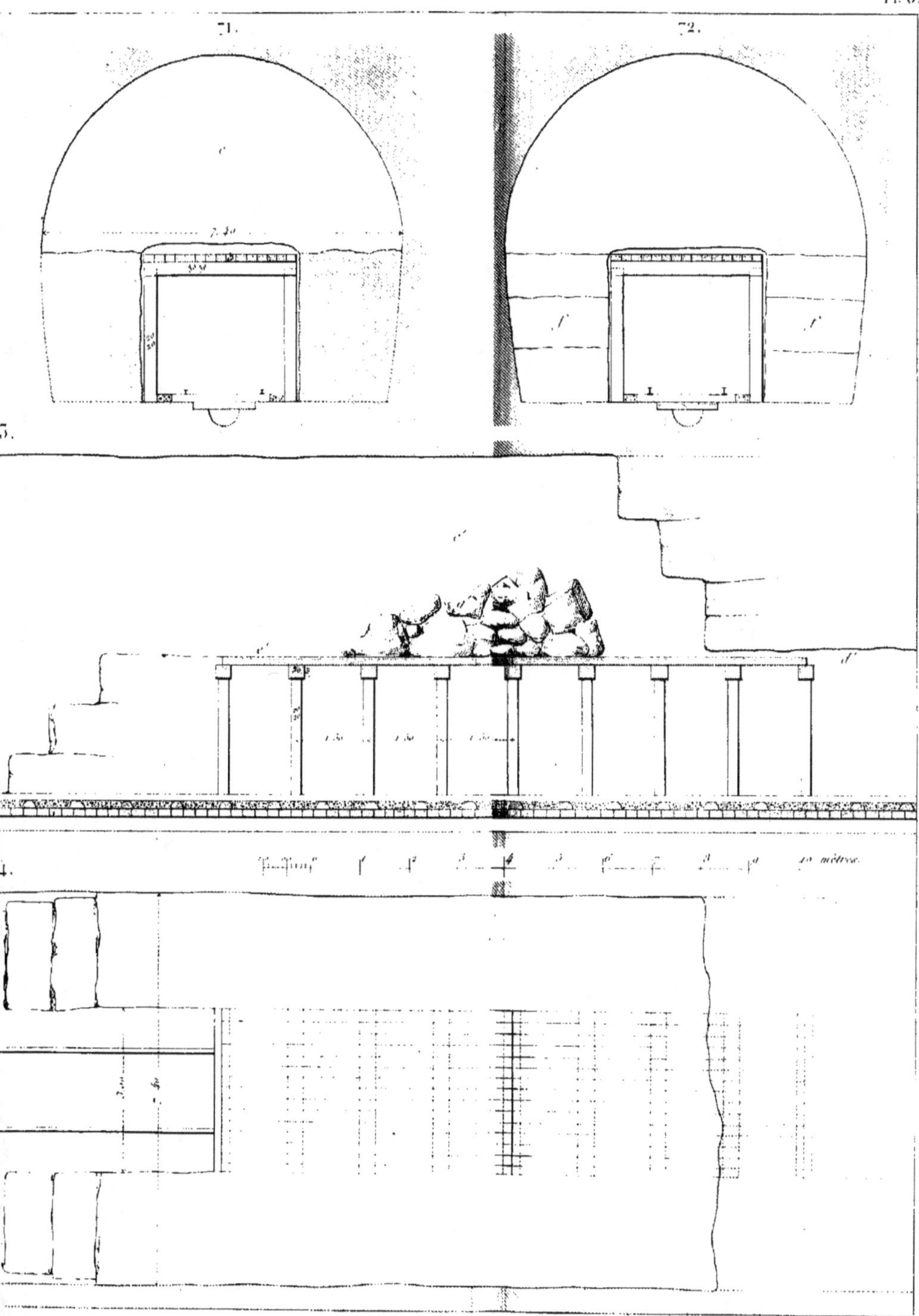

1.
2.
3.
4.
10 mètres.

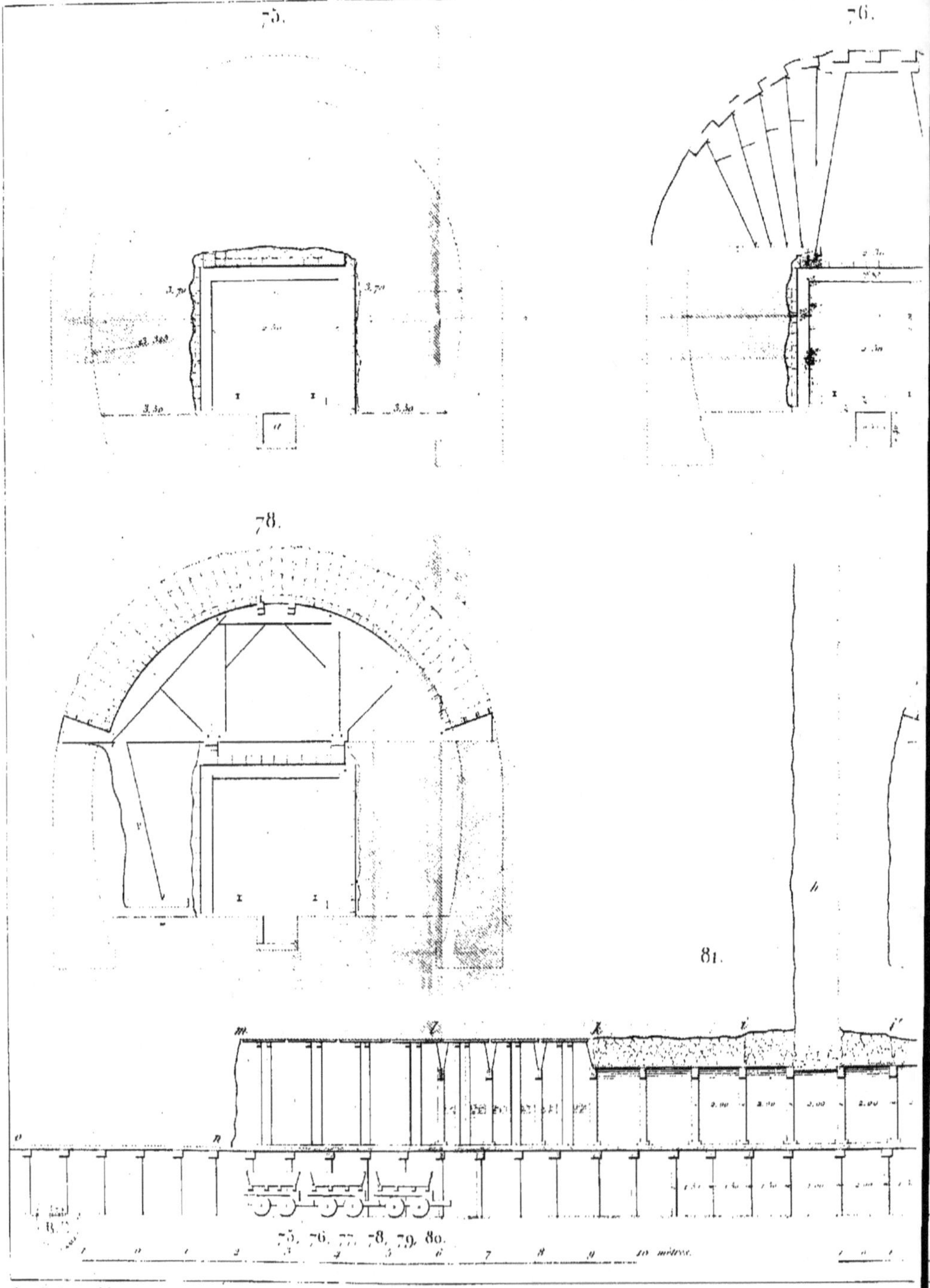

75.

76.

78.

81.

75. 76. 77. 78. 79. 80.

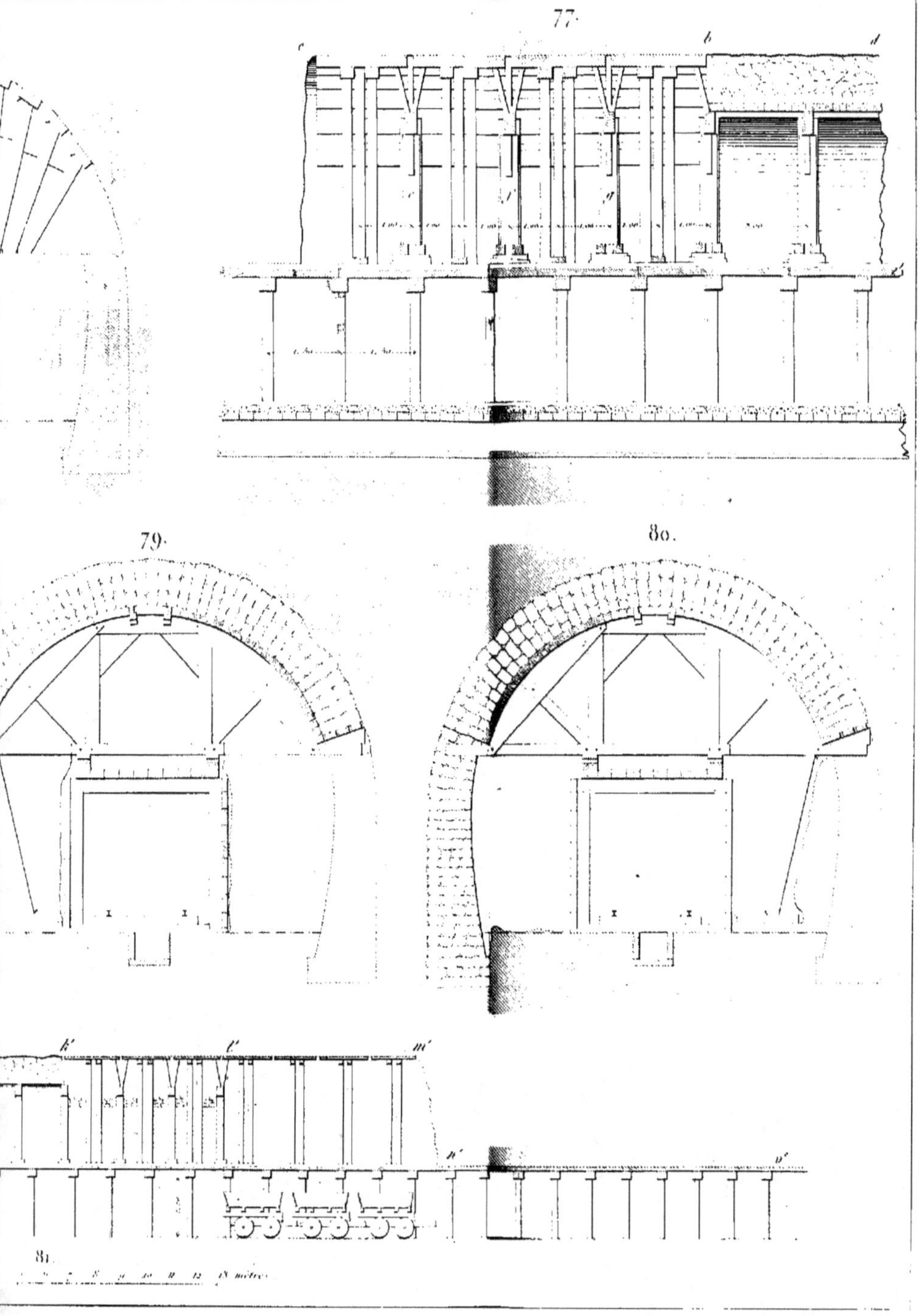
77.
79.
80.
81.
Lemaitre sc.